# 瓜菜种质资源鉴定、
# 核心种质构建与遗传多样性分析

◎ 刘子记　朱　婕　著

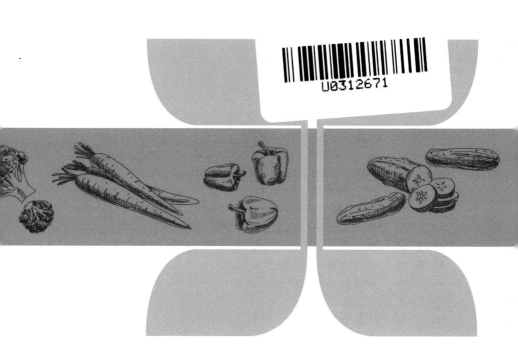

中国农业科学技术出版社

## 图书在版编目（CIP）数据

瓜菜种质资源鉴定、核心种质构建与遗传多样性分析／刘子记，朱婕著．—北京：中国农业科学技术出版社，2018.7

ISBN 978-7-5116-3784-0

Ⅰ.①瓜…　Ⅱ.①刘…②朱…　Ⅲ.①瓜类蔬菜–种质资源–研究　Ⅳ.①S642.024

中国版本图书馆 CIP 数据核字（2018）第 150257 号

| | |
|---|---|
| 责任编辑 | 贺可香 |
| 责任校对 | 贾海霞 |

| | |
|---|---|
| 出 版 者 | 中国农业科学技术出版社 |
| | 北京市中关村南大街 12 号　邮编：100081 |
| 电　　话 | （010）82106638（编辑室）　（010）82109702（发行部） |
| | （010）82109709（读者服务部） |
| 传　　真 | （010）82106650 |
| 网　　址 | http://www.castp.cn |
| 经 销 者 | 各地新华书店 |
| 印 刷 者 | 北京富泰印刷有限责任公司 |
| 开　　本 | 880 mm×1 230 mm　1/32 |
| 印　　张 | 6.375 |
| 字　　数 | 200 千字 |
| 版　　次 | 2018 年 7 月第 1 版　2018 年 7 月第 1 次印刷 |
| 定　　价 | 32.00 元 |

# 前　　言

对瓜菜优异种质资源进行农艺性状精准鉴定与筛选，有利于对优异种质资源进行创新利用，结合常规育种和分子聚合育种，更有利于拓宽亲本遗传背景、缩短品种育种年限，培育出更多优质瓜菜新品种，其意义重大。本研究进行了辣椒种质资源根结线虫抗性鉴定、苦瓜种质资源根结线虫抗性鉴定、苦瓜种质资源白粉病抗性鉴定、不同辣椒种质叶片中糖类物质和蛋白质含量分析、不同辣木种质叶片营养元素含量比较分析，可为瓜菜高效育种提供优质资源。

种质资源内蕴含着丰富的遗传变异和各种性状的有利基因，为栽培种遗传改良、新品种选育及遗传生物学研究提供丰富的遗传变异和基因资源，是人类发展农业的物质基础。随着作物种质资源的不断收集和积累，种质资源的管理费用不断提高，并且增加了特异种质材料筛选、挖掘利用的难度。Frankel 和 Brown 于 1984 年最早提出构建核心种质，核心种质是种质资源的一个核心子集，能够以最少数量的遗传资源最大限度地保存整个资源群体的遗传多样性，因此核心种质可以作为种质资源研究和利用的切入点，从而提高种质资源的管理和利用水平。本研究比较构建了黄灯笼辣椒核心种质、甜椒核心种质、线椒和牛角椒核心种质、苦瓜核心种质、小型西瓜核心种质，可为瓜菜种质资源的高效利用提供理论依据。

遗传多样性是种质资源对环境变化适应能力的表现。种质资源的表型特征是基因型、环境以及基因型与环境相互作用的综合表现。遗传多样性和亲缘关系分析是植物种质资源研究、评价与鉴定的主要内容。对作物种质资源进行遗传多样性分析，有助于了解不同材料间的亲缘关系，为种质资源的开发利用提供重要信息，为不同生态环境间的引种或驯化提供指导。本研究分析了黄灯笼辣椒核心种质遗传多样性、甜椒核心种质遗传多样性、辣椒主要植物学性状遗传多样性及相关性、辣椒优良自交系遗传多样性、苦瓜核心种质亲缘关系、小型西瓜核心种质亲缘关系，可为瓜菜新品种选育提供理论依据。

著　者

# 目　　录

# 第一章　辣椒种质资源对南方根结线虫抗性的鉴定

辣椒（*Capsicum* spp.，$2n = 2x = 24$）为茄科（Solanaceae）辣椒属（*Capsicum*）一年或多年生草本植物，原产于中南美洲（Qin et al.，2014），于明代传入中国。大量研究表明辣椒果实中含有的辣椒素类物质具有缓解疼痛（Anand et al.，2011）、消炎（Kim et al.，2003）、减肥（Ludy et al.，2012）和抗肿瘤活性（Anandakumar et al.，2012）。辣椒属包括 5 个栽培种，分别为一年生辣椒（*Capsicum annuum*），灌木状辣椒（*Capsicum frutescens*），中国辣椒（*Capsicum chinense*），下垂辣椒（*Capsicum baccatum*）和茸毛辣椒（*Capsicum pubescens*）（孟金贵等，2012）。一年生辣椒是世界上栽培最为广泛的种，在发达国家蔬菜产量方面，辣椒仅次于番茄，位居第二位（Heidmann et al.，2011）。

根结线虫（*Meloidogyne* spp.）是严重为害辣椒作物生产的世界性病害（Barbary et al.，2015），最常见的有南方根结线虫（*M. incognita*）、花生根结线虫（*M. arenaria*）、爪哇根结线虫（*M. javanica*）及北方根结线虫（*M. hapla*），其中以南方根结线虫对辣椒的为害最重，尤以长期重茬保护地为重。线虫侵入留下的伤口，又成为辣椒疫病、立枯病和枯萎病等土传性病原菌侵入的通道，进一步加速根系的腐烂，致使植株枯死，造成绝收（蒲金基等，2002）。培育抗病品种是防治根结线虫最为经济、有效的防治方法（Aguiar et al.，2014）。鉴定高抗根结线虫辣椒种质材料，是高效培育辣椒抗性品种的关键所在。Martin 在 1948 年首次报道了辣椒品种对根结线虫的抗性，标志着辣椒抗根结线虫育种的开始。Hare（1957）首次在灌木状辣椒'Santaka XS'中发现了单显性抗根结线虫基因 $N$，该基因对南方根结线虫、爪哇根结线虫和花生根结线虫 3 种主要的根结线虫具有抗性。除 $N$ 基因外，目前在辣椒中发现并且命名的抗线虫基因包括：$Me1$、$Me2$、$Me3$、$Me4$、$Me5$、$Me7$、$Mech1$、$Mech2$ 和 $Cami$，这些基因的来源、抗谱范围、抗病机制、对温度的稳定性存在显著差异（Bleve-Zacheo et al.，1998；Fery et al.，1998；Djian-Caporalino et al.，2001；Djian-Caporalino et al.，2007；Chen et al.，2007）。截至目前，尽管已经发现多个根结线虫抗性基因，但是仍然存在抗病资源材料单一、遗传背景狭窄、温敏反应差异较大、抗性较弱、转育困难等问题。并且随着根结线虫新的种群的出现，已发现的抗性基因逐渐失去抗性，目前迫切需要筛选和鉴定抗根结线虫的辣椒种质资源及发掘新的抗病基因。本研究将对 67 份不同类型的辣椒种质资源进行根结线虫抗性鉴定，结合聚类和隶属函数分析方法，明确不同材料对根结线虫的抗性水平，为辣椒根结线虫抗性育种提供抗源。

# 一、材料与方法

## （一）试验材料

试验于 2015—2016 年在中国热带农业科学院热带作物品种资源研究所培养室进行。供试辣椒种质资源共 67 份，26 份中国辣椒，34 份一年生辣椒，6 份灌木状辣椒，1 份野生辣椒，不同种质间株高、株幅、叶片大小、果实大小等性状存在显著差异（表 1-1）。种子浸种催芽后，播种于营养钵中，播后置培养室内培养，待种子萌发后，每盆留 1 株，每份材料种植 5 盆，盆内栽培基质（营养土：蛭石 = 3：1）经 121℃ 高温杀菌 2h。

表 1-1 辣椒种质资源

| 材料名称 | 类型 | 材料名称 | 类型 | 材料名称 | 类型 |
|---|---|---|---|---|---|
| Rela 2 | 中国辣椒 | L527-3 | 中国辣椒 | L233-4 | 一年生辣椒 |
| L506M | 中国辣椒 | L538M | 中国辣椒 | L211SM | 一年生辣椒 |
| L512 *<br>L518 | 中国辣椒 | L529-1 | 中国辣椒 | M2-S * F11 | 一年生辣椒 |
| L522-1M | 中国辣椒 | Rela 5 | 一年生辣椒 | 13SM113 | 一年生辣椒 |
| L504M | 中国辣椒 | L287-2 | 一年生辣椒 | M16 * F20 | 一年生辣椒 |
| L515-2 | 中国辣椒 | M8 * F9-S | 一年生辣椒 | L288-2-2 | 一年生辣椒 |
| L512M | 中国辣椒 | 14SM85A * 14SM85B | 一年生辣椒 | L202-2M | 一年生辣椒 |
| L507-1 | 中国辣椒 | L319 | 一年生辣椒 | L289-1 | 一年生辣椒 |
| L511-1MSM | 中国辣椒 | 13SM100-1 | 一年生辣椒 | L245-6 | 一年生辣椒 |
| L518M | 中国辣椒 | M12-S * F9 | 一年生辣椒 | L216-1-<br>1-1M | 一年生辣椒 |
| L539 | 中国辣椒 | 13SM82-1 | 一年生辣椒 | L285-5 | 一年生辣椒 |
| L530-1 | 中国辣椒 | 13SM83M | 一年生辣椒 | M16 * L211 | 一年生辣椒 |
| L537-1 | 中国辣椒 | 13SM87-1 | 一年生辣椒 | L231-7 | 一年生辣椒 |
| L542-1 | 中国辣椒 | 13SM79 | 一年生辣椒 | L301M | 一年生辣椒 |
| L544M | 中国辣椒 | L292-1 | 一年生辣椒 | L316 | 灌木状辣椒 |
| L543M | 中国辣椒 | M2<br>* F12 | 一年生辣椒 | L317 | 灌木状辣椒 |
| L528M | 中国辣椒 | 13SM50 | 一年生辣椒 | L311 | 灌木状辣椒 |
| L516-1M | 中国辣椒 | 13SM117-8 | 一年生辣椒 | L314 | 灌木状辣椒 |
| L525-1M | 中国辣椒 | 13SM78 | 一年生辣椒 | L306-1 | 灌木状辣椒 |
| L535M | 中国辣椒 | 13SM159-2 | 一年生辣椒 | L315 | 灌木状辣椒 |
| L530-5 | 中国辣椒 | M11-S * F4 | 一年生辣椒 | L801M | 野生辣椒 |
| L517M | 中国辣椒 | 13SM120 | 一年生辣椒 | | |
| L526-2 | 中国辣椒 | 13SM111-2 | 一年生辣椒 | | |

## （二）根结线虫的收集与鉴定

收集海南省辣椒主栽区被线虫感染的辣椒根系，用小镊子挑取卵块并将挑取的卵块冲洗入浅盘中的卫生纸上，25℃黑暗孵化，收集新鲜孵化的 2 龄根结线虫幼虫，置液氮中冷冻，用力研磨成粉末，提取线虫基因组 DNA，根据已公布的线虫特异引物鉴定线虫的种类（Hu et al.，2011）（表 1-2）。

**表 1-2　根结线虫种类鉴定引物序列**

| 线虫种类 | 正向引物序列（5′-3′） | 反向引物序列（5′-3′） |
| --- | --- | --- |
| 根结线虫（通用） | GGGGATGTTTGAGGCAGATTTG | AACCGCTTCGGACTTCCACCAG |
| 南方根结线虫 | GTGAGGATTCAGCTCCCCAG | ACGAGGAACATACTTCTCCGTCC |
| 花生根结线虫 | TCGGCGATAGAGGTAAATGAC | TCGGCGATAGACACTACAACT |
| 爪哇根结线虫 | GGTGCGCGATTGAACTGAGC | CAGGCCCTTCAGTGGAACTATAC |
| 北方根结线虫 | GGATGGCGTGCTTTCAAC | AAAAATCCCCTCGAAAAATCCACC |
| 象耳豆根结线虫 | AACTTTTGTGAAAGTGCCGCTG | TCAGTTCAGGCAGGATCAACC |

## （三）根结线虫扩繁与抗性鉴定

将鉴定过的根结线虫接种于温室栽培的茄门甜椒上进行扩繁，一般培养 6～8 周即可从感病植株的根上收集线虫卵块，置于室温中孵化。参照 Djian-Caporalino 等（2007）的辣椒南方根结线虫鉴定方法对辣椒种质进行抗感病鉴定。辣椒五叶期每植株接种 600 条二龄南方根结线虫，整个生长期注意控水和控温（18～28℃）。接种 60d 后对植株进行抗性鉴定。先将辣椒根洗净，放入 0.1g/L 的伊红黄溶液中染色 30min，卵块被染成红色，然后调查每株根系的卵块数。采用 Boiteux 等（1996）的方法计算根结指数（GI）和卵粒指数（EI）。其中 GI＝单株根结数/单株根鲜样质量，EI＝单株卵粒数/单株根鲜样质量。

## （四）隶属函数值计算

参照徐小明等（2008）的隶属函数值计算方法。抗病指标的隶属函数值 $=1-(X-X\min)/(X\max-X\min)$，$X$ 为接种 50d 后辣椒种质某指标测定值，$X\max$ 为所有供试种质该指标的最大值，$X\min$ 为所有供试种质该指标的最小值。隶属函数值越大，表明其抗南方根结线虫的能力越强。

## （五）统计分析

采用 SPSS16.0 软件进行数据处理，计算平均值、标准差和变异系数，经欧氏距离平方方法计算样本间距离，采用离差平方和法进行聚类。

# 二、结果与分析

## （一）根结线虫的收集与鉴定

收集了海南省辣椒主栽区被线虫感染的辣椒根系，挑取卵块进行孵化，收集 2 龄根结线虫幼虫，置液氮中冷冻，用力研磨成粉末，提取线虫基因组 DNA。以线虫基因组 DNA 为模板，利用已公布的线虫特异引物进行 PCR 扩增，根结线虫通用引物与南方根结线虫特异引物扩增片段大小与目的片段大小一致，其他引物组合无扩增结果，该分析结果表明采集的线虫样本为南方根结线虫（图 1-1）。

## （二）辣椒种质农艺性状及抗性指标变异情况分析

辣椒种质农艺性状平均变异系数为 49.68%。单果重的变异系数为 138.49%，位居第一位，变异幅度几乎是均值的 11 倍；果纵径和果横径的变异系数均超过 50%，分别为 63.82% 和 54.18%，果横径的变异幅度几乎是均值的 4 倍；叶片宽和果肉厚的变异系数分别为

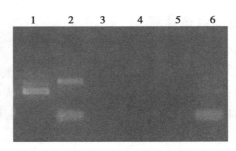

**图 1-1　线虫种类分子鉴定结果**

（1：根结线虫（通用）；2：南方根结线虫；3：花生根结线虫；4：爪哇根结线虫；5：北方根结线虫；6：象耳豆根结线虫）

45.64%和40.00%，变异幅度几乎是均值的2倍；叶片长和叶柄长的变异系数分别为36.49%和32.86%；株高、株幅、果柄长的变异系数与其他性状相比偏低，分别为27.23%、28.62%和29.46%。分析结果表明供试辣椒种质存在丰富的遗传多样性。另外，由表1-3可知，卵粒指数和根结指数存在丰富的遗传变异，变异系数分别为143.16%和118.95%，变异幅度几乎是均值的6倍。

**表 1-3　辣椒资源农艺性状及抗病指标变异情况**

| 性状 | 最小值 | 最大值 | 均值 | 极差 | 标准差 | 变异系数（%） |
|---|---|---|---|---|---|---|
| 株高（cm） | 23.90 | 101.50 | 56.16 | 77.60 | 15.29 | 27.23 |
| 株幅（cm） | 29.50 | 120.50 | 61.04 | 91.00 | 17.47 | 28.62 |
| 叶片长（cm） | 4.60 | 28.30 | 13.73 | 23.70 | 5.01 | 36.49 |
| 叶片宽（cm） | 2.50 | 16.30 | 7.45 | 13.80 | 3.40 | 45.64 |
| 叶柄长（cm） | 2.40 | 11.00 | 5.63 | 8.60 | 1.85 | 32.86 |
| 果纵径（cm） | 1.70 | 20.90 | 8.43 | 19.20 | 5.38 | 63.82 |
| 果横径（cm） | 0.70 | 11.70 | 2.99 | 11.00 | 1.62 | 54.18 |
| 果柄长（cm） | 1.40 | 6.40 | 3.70 | 5.00 | 1.09 | 29.46 |
| 果肉厚（cm） | 0.06 | 0.46 | 0.20 | 0.40 | 0.08 | 40.00 |

（续表）

| 性状 | 最小值 | 最大值 | 均值 | 极差 | 标准差 | 变异系数（%） |
|------|--------|--------|------|------|--------|-------------|
| 单果重（g） | 1.30 | 171.20 | 15.98 | 169.90 | 22.13 | 138.49 |
| 卵粒指数 | 0.00 | 33.33 | 5.63 | 33.33 | 8.06 | 143.16 |
| 根结指数 | 0.00 | 167.86 | 32.29 | 167.86 | 38.41 | 118.95 |

## （三）辣椒种质对南方根结线虫抗性的聚类分析

有关研究表明采用根结指数进行聚类分析结果更具可靠性（徐小明等，2008；翟衡等，2000）。采用 SPSS 16.0 软件，以 GI 为统计参数，利用离差平方和法对供试辣椒种质进行聚类分析，结果表明在聚类重新标定距离为 2.5 时，可将 67 份供试辣椒种质材料分为抗病、中抗、感病和高感 4 类，其中 Rela 2、L506M、L512 * L518、Rela 5、L287-2、L522-1M、L504M、L319、13SM100-1、L515-2、13SM82-1、13SM83M、13SM87-1、L512M、L292-1、L507-1、13SM50、13SM117-8、L316、L317、13SM78、13SM159-2、M11-S * F4、M2-S * F11、13SM113、M16 * F20、M8 * F9-S、14SM85A * 14SM85B、L311、M12-S * F9、L314、M2 * F12、L511-1MSM、L306-1、13SM79、L518M 和 L539 为抗病材料，13SM120、L530-1、13SM111-2、L233-4、L537-1、L801M、L211SM、L542-1、L544M、L315、L288-2-2 和 L526-2 为中抗材料，L543M、L301M、L528M、L216-1-1-1M、L516-1M、L525-1M、L245-6、L535M、L231-7、L530-5、M16 * L211 和 L538M 为感病材料，L529-1、L285-5、L517M、L202-2M、L289-1 和 L527-3 为高感材料（图 1-2）。

## （四）辣椒种质对南方根结线虫抗性的隶属函数分析

根据不同辣椒种质抗病指标的隶属函数总值，可将供试辣椒种质抗南方根结线虫的能力进行排序（表 1-4）。其中 Rela 2 和 L506M 隶属函数总值最高，达 2.00，表明其对南方根结线虫表现免疫，L287-

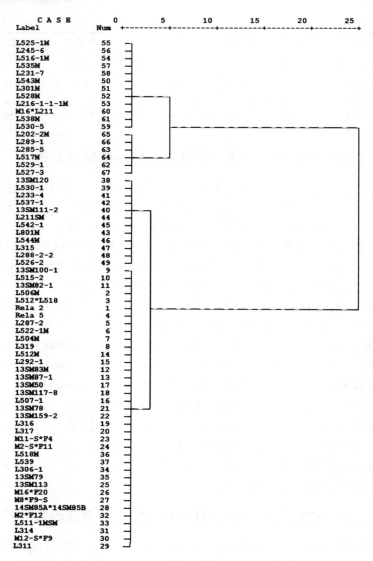

图 1-2  辣椒种质抗南方根结线虫能力聚类分析

2、L522-1M、L504M、L515-2、13SM100-1、L512M、L292-1、L319、L316、L317、13SM87-1 和 Rela 5 的隶属函数总值均超过了 1.95，对南方根结线虫表现高抗。其他材料抗南方根结线虫的能力依次为：L311、13SM82-1、13SM83M、L512 * L518、M8 * F9-S、M11-S * F4、L507-1、L539、13SM78、L530-1、L306-1、L314、L233-4、M16 * F20、13SM50、13SM111-2、L211SM、13SM159-2、L537-1、M2-S * F11、13SM113、L542-1、L544M、L288-2-2、M2 * F12、L526-2、14SM85A * 14SM85B、M12-S * F9、L301M、13SM79、L543M、L518M、13SM120、L525-1M、L528M、M16 * L211、L245-6、L516-1M、L529-1、L538M、L530-5、13SM117-8、L535M、L801M、L517M、L289-1、L216-1-1-1M、L511-1MSM、L231-7、L315、L285-5、L527-3、L202-2M。

表1-4 南方根结线虫对辣椒种质抗病指标隶属函数值的影响

| 名称 | EI | EI 函数值 | GI | GI 函数值 | 总和 | 排名 |
|---|---|---|---|---|---|---|
| Rela 2 | 0.00 | 1.0000 | 0.00 | 1.0000 | 2.0000 | 1 |
| L506M | 0.00 | 1.0000 | 0.00 | 1.0000 | 2.0000 | 2 |
| L287-2 | 0.00 | 1.0000 | 0.76 | 0.9955 | 1.9955 | 3 |
| L522-1M | 0.00 | 1.0000 | 1.17 | 0.9930 | 1.9930 | 4 |
| L504M | 0.00 | 1.0000 | 1.22 | 0.9927 | 1.9927 | 5 |
| L515-2 | 0.00 | 1.0000 | 2.07 | 0.9877 | 1.9877 | 6 |
| 13SM100-1 | 0.25 | 0.9925 | 2.04 | 0.9878 | 1.9803 | 7 |
| L512M | 0.00 | 1.0000 | 4.00 | 0.9762 | 1.9762 | 8 |
| L292-1 | 0.00 | 1.0000 | 4.00 | 0.9762 | 1.9762 | 9 |
| L319 | 0.53 | 0.9841 | 1.60 | 0.9905 | 1.9746 | 10 |
| L316 | 0.00 | 1.0000 | 5.56 | 0.9669 | 1.9669 | 11 |
| L317 | 0.00 | 1.0000 | 5.56 | 0.9669 | 1.9669 | 12 |
| 13SM87-1 | 0.34 | 0.9898 | 3.85 | 0.9771 | 1.9669 | 13 |
| Rela 5 | 1.52 | 0.9544 | 0.57 | 0.9966 | 1.9510 | 14 |
| L311 | 0.00 | 1.0000 | 9.30 | 0.9446 | 1.9446 | 15 |
| 13SM82-1 | 1.50 | 0.9550 | 2.29 | 0.9864 | 1.9414 | 16 |

（续表）

| 名称 | EI | EI 函数值 | GI | GI 函数值 | 总和 | 排名 |
| --- | --- | --- | --- | --- | --- | --- |
| 13SM83M | 1. 24 | 0. 9628 | 3. 75 | 0. 9777 | 1. 9405 | 17 |
| L512 * L518 | 2. 00 | 0. 9400 | 0. 00 | 1. 0000 | 1. 9400 | 18 |
| M8 * F9-S | 0. 60 | 0. 9820 | 7. 78 | 0. 9537 | 1. 9357 | 19 |
| M11-S * F4 | 1. 25 | 0. 9625 | 5. 83 | 0. 9653 | 1. 9278 | 20 |
| L507-1 | 2. 27 | 0. 9319 | 4. 55 | 0. 9729 | 1. 9048 | 21 |
| L539 | 0. 00 | 1. 0000 | 16. 54 | 0. 9015 | 1. 9015 | 22 |
| 13SM78 | 2. 94 | 0. 9118 | 5. 56 | 0. 9669 | 1. 8787 | 23 |
| L530-1 | 0. 00 | 1. 0000 | 22. 99 | 0. 8630 | 1. 8630 | 24 |
| L306-1 | 2. 19 | 0. 9343 | 13. 43 | 0. 9200 | 1. 8543 | 25 |
| L314 | 2. 78 | 0. 9166 | 11. 11 | 0. 9338 | 1. 8504 | 26 |
| L233-4 | 0. 00 | 1. 0000 | 28. 23 | 0. 8318 | 1. 8318 | 27 |
| M16 * F20 | 4. 19 | 0. 8743 | 7. 19 | 0. 9572 | 1. 8315 | 28 |
| 13SM50 | 5. 34 | 0. 8398 | 4. 95 | 0. 9705 | 1. 8103 | 29 |
| 13SM111-2 | 1. 17 | 0. 9649 | 26. 44 | 0. 8425 | 1. 8074 | 30 |
| L211SM | 0. 00 | 1. 0000 | 33. 33 | 0. 8014 | 1. 8014 | 31 |
| 13SM159-2 | 5. 56 | 0. 8332 | 5. 56 | 0. 9669 | 1. 8001 | 32 |
| L537-1 | 1. 15 | 0. 9655 | 28. 74 | 0. 8288 | 1. 7943 | 33 |
| M2-S * F11 | 6. 06 | 0. 8182 | 6. 06 | 0. 9639 | 1. 7821 | 34 |
| 13SM113 | 6. 00 | 0. 8200 | 7. 04 | 0. 9581 | 1. 7780 | 35 |
| L542-1 | 1. 52 | 0. 9544 | 33. 82 | 0. 7985 | 1. 7529 | 36 |
| L544M | 1. 52 | 0. 9544 | 37. 63 | 0. 7758 | 1. 7302 | 37 |
| L288-2-2 | 1. 23 | 0. 9631 | 40. 00 | 0. 7617 | 1. 7248 | 38 |
| M2 * F12 | 7. 14 | 0. 7858 | 11. 11 | 0. 9338 | 1. 7196 | 39 |
| L526-2 | 1. 23 | 0. 9631 | 42. 94 | 0. 7442 | 1. 7073 | 40 |
| 14SM85A * 14SM85B | 8. 33 | 0. 7501 | 8. 33 | 0. 9504 | 1. 7005 | 41 |
| M12-S * F9 | 8. 14 | 0. 7558 | 10. 47 | 0. 9376 | 1. 6934 | 42 |
| L301M | 0. 00 | 1. 0000 | 54. 05 | 0. 6780 | 1. 6780 | 43 |
| 13SM79 | 8. 45 | 0. 7465 | 14. 08 | 0. 9161 | 1. 6626 | 44 |
| L543M | 1. 15 | 0. 9655 | 54. 02 | 0. 6782 | 1. 6437 | 45 |
| L518M | 9. 38 | 0. 7186 | 16. 00 | 0. 9047 | 1. 6233 | 46 |

（续表）

| 名称 | EI | EI 函数值 | GI | GI 函数值 | 总和 | 排名 |
|------|------|------|------|------|------|------|
| 13SM120 | 8.62 | 0.7414 | 22.41 | 0.8665 | 1.6079 | 47 |
| L525-1M | 2.86 | 0.9142 | 66.67 | 0.6028 | 1.5170 | 48 |
| L528M | 5.48 | 0.8356 | 56.16 | 0.6654 | 1.5010 | 49 |
| M16 * L211 | 1.60 | 0.9520 | 82.01 | 0.5114 | 1.4634 | 50 |
| L245-6 | 4.76 | 0.8572 | 66.67 | 0.6028 | 1.4600 | 51 |
| L516-1M | 6.12 | 0.8164 | 64.29 | 0.6170 | 1.4334 | 52 |
| L529-1 | 0.00 | 1.0000 | 100.00 | 0.4043 | 1.4043 | 53 |
| L538M | 4.55 | 0.8635 | 82.61 | 0.5079 | 1.3714 | 54 |
| L530-5 | 5.65 | 0.8305 | 80.21 | 0.5222 | 1.3526 | 55 |
| 13SM117-8 | 21.74 | 0.3477 | 5.22 | 0.9689 | 1.3166 | 56 |
| L535M | 11.36 | 0.6592 | 70.45 | 0.5803 | 1.2395 | 57 |
| L801M | 25.00 | 0.2499 | 31.25 | 0.8138 | 1.0638 | 58 |
| L517M | 9.43 | 0.7171 | 113.27 | 0.3252 | 1.0423 | 59 |
| L289-1 | 7.50 | 0.7750 | 130.83 | 0.2206 | 0.9956 | 60 |
| L216-1-1-1M | 21.93 | 0.3420 | 58.28 | 0.6528 | 0.9948 | 61 |
| L511-1MSM | 33.33 | 0.0000 | 11.11 | 0.9338 | 0.9338 | 62 |
| L231-7 | 22.09 | 0.3372 | 71.67 | 0.5730 | 0.9103 | 63 |
| L315 | 33.33 | 0.0000 | 38.46 | 0.7709 | 0.7709 | 64 |
| L285-5 | 20.69 | 0.3792 | 111.32 | 0.3368 | 0.7161 | 65 |
| L527-3 | 11.76 | 0.6472 | 167.86 | 0.0000 | 0.6472 | 66 |
| L202-2M | 22.55 | 0.3234 | 127.45 | 0.2407 | 0.5642 | 67 |

# 三、结论与讨论

　　前人关于辣椒抗根结线虫能力鉴定的报道较多，但多采用卵块个数直接对供试材料进行抗病性判定。由于不同种质间遗传背景差异较大，因此南方根结线虫侵染对植株抗病指标的影响并不一致，采用卵粒个数进行抗性鉴定得出的结论难以相互比较。因此本研究结合卵粒指数和根结指数进行抗病性鉴定，结果更具可比性。有关研究表明以根结指数为统计参数进行聚类分析结果更可靠。本研究以 GI 为统计参数，利用离差平方和法对供试辣椒种质抗南方根结线虫水平进行聚类分析，可将 67 份供试辣椒种质材料分为抗病、中抗、感病和高感 4 组。在今后的研究中，可选取抗病性状及农艺性状优势互补的材料配制杂交组合，选育抗病性强、高产、早熟、杂种优势显著的辣椒新品种。

聚类分析虽然可将供试材料划分成不同类群，但无法判定种质间抗性大小的顺序。隶属函数值是根据所有供试材料的测定指标进行无量纲运算后得到的数值，其抗病指标的隶属函数值总和，可反映该材料在所有供试材料中的地位（苏华等，2006；高青海等，2005）。因此，结合聚类分析和隶属函数两种方法可对供试材料进行准确鉴定。分析结果表明不同辣椒种质对南方根结线虫的抗性反应存在显著差异，其中，Rela 2 和 L506M 卵粒指数和根结指数均为 0，隶属函数总值最高，达 2.00，为免疫材料。L287-2、L522-1M、L504M、L515-2、13SM100-1、L512M、L292-1、L319、L316、L317、13SM87-1 隶属函数值均超过了 1.95，为高抗材料。L289-1、L216-1-1-1M、L511-1MSM、L231-7、L315、L285-5、L527-3、L202-2M 的隶属函数总值较低，为易感根结线虫材料。

# 第二章 不同辣椒种质叶片中糖类物质和蛋白质含量分析

辣椒凭借其果实特有的色泽和辣味成为一种世界性的蔬菜作物（Chen et al.，2012），辣椒的消耗量和栽培面积逐年增加（Lee et al.，2004），在发达国家蔬菜产量方面，辣椒仅次于番茄，位居第二位（Heidmann et al.，2011）。另外，辣椒果实中含有的抗氧化类物质可以保护生物有机体免受氧化伤害，有助于提高机体免疫力（张芳芳等，2010）。DNA 是遗传信息的载体，提取高质量的 DNA 分子是植物基因组研究的基础（周春阳等，2011）。蛋白质和糖类物质是影响高质量 DNA 提取的重要因素，常导致 DNA 降解，影响 DNA 纯度。另外，糖类和蛋白杂质能抑制限制酶、连接酶及 DNA 聚合酶的生物活性，干扰引物与模板的结合，导致扩增失败，难以满足相关分子生物学研究的需求。有效去除糖类和蛋白质是提取高质量辣椒基因组 DNA 的关键（向珣等，2009；桑维维等，2012）。至今，尚无关于辣椒叶片蛋白质和糖类物质含量的研究报道。本实验以不同辣椒种质茎尖叶片为材料，采用考马斯亮蓝染色法和蒽酮比色法测定辣椒叶片中蛋白质和糖类物质含量，旨在根据不同材料叶片中蛋白质和糖类物质的含量选择有效的 DNA 提取方法，从而为获得高纯度、高质量的基因组 DNA 提供依据。

# 一、材料与方法

## （一）供试材料

供试辣椒种质共 15 份，其中中国辣椒 9 份，一年生辣椒 6 份。在 9 份中国辣椒种质中，7 份来自中国，2 份来自美国。6 份一年生辣椒种质均来自中国。在辣椒种质成株期摘取茎尖叶片测定蛋白质和糖类物质含量（表 2-1）。

表 2-1　供试辣椒材料种类及来源

| 序号 | 种质编号 | 来源 | 栽培种种类 |
|---|---|---|---|
| 1 | LX2-1 | 美国 | 中国辣椒 |
| 2 | L501 | 中国海南 | 中国辣椒 |
| 3 | L518 | 中国云南 | 中国辣椒 |
| 4 | L512 | 中国海南 | 中国辣椒 |
| 5 | L511 | 中国海南 | 中国辣椒 |
| 6 | L515 | 中国海南 | 中国辣椒 |
| 7 | L516 | 中国海南 | 中国辣椒 |
| 8 | 11SM292-4 | 中国海南 | 中国辣椒 |
| 9 | 热辣 4 号 | 中国 | 一年生辣椒 |
| 10 | L268 | 中国 | 一年生辣椒 |
| 11 | 05Ca58 | 中国 | 一年生辣椒 |
| 12 | 98-16 | 中国 | 一年生辣椒 |
| 13 | LX4 | 美国 | 中国辣椒 |
| 14 | M9 | 中国 | 一年生辣椒 |
| 15 | M8 | 中国 | 一年生辣椒 |

## （二） 辣椒叶片蛋白质含量测定

采用考马斯亮蓝 G-205 染色法测定辣椒茎尖叶片中的蛋白质含量（高俊凤，2000）。

## （三） 辣椒叶片中含糖量的测定

采用蒽酮比色法测定辣椒茎尖叶片中的含糖量（劳家柽，1988）。

### （四）数据处理

利用 SPSS 软件对数据进行显著差异性分析。

# 二、结果与分析

## （一） 不同辣椒种质茎尖叶片中蛋白质含量比较分析

采用考马斯亮蓝 G-205 染色法测定辣椒叶片中蛋白质含量，辣椒种质 LX4 茎尖叶片蛋白质含量最高，热辣 4 号蛋白质含量最低。多重比较结果表明，LX4 与 M9 差异不显著，LX4 与 M9 显著高于 98-16、11SM292-4、L501、05Ca58、L518、L515、LX2-1、L516、L512、L511 和热辣 4 号，并且与 L501、05Ca58、L518、L515、LX2-1、L516、L512、L511 和热辣 4 号的差异达极显著水平。L268、M8、98-16、11SM292-4 间差异不显著，但显著高于 L518、L515、LX2-1、L516、L512、L511 和热辣 4 号，并且与 L515、LX2-1、L516、L512、L511 和热辣 4 的差异达极显著水平；L501、05Ca58、L518 间差异不显著，但显著高于 LX2-1、L516、L512、L511 和热辣 4 号，并且与 L516、L512、L511 和热辣 4 号差异达极显著水平；L515、LX2-1 间差异不显著，但显著高于 L512、L511 和热辣 4 号，与热辣 4 号的差异达极显著水平。热辣 4 号茎尖叶片蛋白质含量最低，显著低于其他处理（表 2-2）。

表 2-2　不同辣椒种质茎尖叶片蛋白质含量比较分析

| 处理 | 蛋白质含量 [mg/ (g·FW) ] |
|------|------|
| LX4 | 21. 32±0. 66 aA |
| M9 | 19. 91±1. 14 abAB |
| L268 | 19. 42±2. 57 bcABC |
| M8 | 18. 44±0. 73 bcdBCD |
| 98-16 | 17. 75±0. 16 cdBCDE |
| 11SM292-4 | 17. 75±0. 66 cdBCDE |
| L501 | 17. 17±0. 45 deCDEF |
| 05Ca58 | 16. 71±0. 32 deDEF |
| L518 | 15. 81±0. 58 efEFG |
| L515 | 14. 81±0. 91 fgFG |
| LX2-1 | 13. 82±1. 37 ghGH |
| L516 | 12. 25±0. 17 hiHI |
| L512 | 12. 01±1. 04 iHI |
| L511 | 11. 87±0. 56 iHI |
| 热辣 4 号 | 10. 15±0. 54 jI |

说明：不同小/大写字母代表处理间差异达 0. 05/0. 01 显著水平

## （二）不同辣椒种质茎尖叶片中含糖量比较分析

采用蒽酮比色法测定辣椒茎尖叶片中的含糖量，热辣 4 号茎尖叶片含糖量最高，L515 含糖量最低。多重比较结果表明，热辣 4 号、LX2-1、M9 间差异不显著，热辣 4 号、LX2-1、M9 显著高于 L501、05Ca58、11SM292-4、L516、M8、L512、98-16、L268、L511、LX4、L518 和 L515，并且与 05Ca58、11SM292-4、L516、M8、L512、98-16、L268、L511、LX4、L518 和 L515 的差异达极显著水平；L501、05Ca58、11SM292-4 间差异不显著，L501、05Ca58、11SM292-4 显著高于 L268、L511、LX4、L518 和 L515，并且与 LX4、L518 和 L515

的差异达极显著水平；L516、M8、L512、98-16、L268、L511、LX4 间差异不显著，L516、M8、L512、98-16、L268、L511、LX4 与 L515 的差异达极显著水平（表2-3）。

表2-3　不同辣椒种质茎尖叶片含糖量比较分析

| 处理 | 含糖量（%） |
| --- | --- |
| 热辣4号 | 2.25±0.08 aA |
| LX2-1 | 2.11±0.07 aA |
| M9 | 2.03±0.11 aAB |
| L501 | 1.75±0.40 bBC |
| 05Ca58 | 1.65±0.06 bcCD |
| 11SM292-4 | 1.54±0.05 bcdCDE |
| L516 | 1.43±0.17 cdeCDEF |
| M8 | 1.41±0.11 cdeDEF |
| L512 | 1.35±0.08 defDEF |
| 98-16 | 1.31±0.03 defEF |
| L268 | 1.26±0.07 efEF |
| L511 | 1.25±0.12 efEF |
| LX4 | 1.19±0.03 efF |
| L518 | 1.12±0.02 fFG |
| L515 | 0.82±0.14 gG |

说明：不同小/大写字母代表处理间差异达 0.05/0.01 显著水平

# 三、结论与讨论

随着生物技术的不断发展，快速、经济、安全、高效地提取辣椒基因组 DNA 是进行资源鉴定、遗传多样性分析、分子标记辅助选择研究方面的基础（蓬桂华等，2011）。多糖和蛋白质是影响植物 DNA 纯度的常见因素，可与 DNA 同时沉淀，使 DNA 提取物呈胶状，干扰后续操作（俞文政等，2007）。有效去除蛋白质及糖类物质提取高质量的 DNA 分子是分子生物学研究的基础，是实验结果可靠性和重复性的良好保证。该研究结果表明，不同辣椒材料间茎尖叶片中的蛋白质和糖类物质含量存在不同程度的差异，为了获得高纯度、高质量及完整性较好的 DNA 分子，可以根据不同的实验材料选择适合的 DNA 提取方法。

对于叶片中蛋白质含量较高的辣椒材料，如 LX4 与 M9，可以先采用 Tris 饱和酚/氯仿/异戊醇（25∶24∶1）进行抽提，然后利用氯仿/异戊醇（24∶1）进行二次抽提，此方法能有效去除蛋白质。对于叶片中蛋白含量较少的辣椒材料，如热辣 4 号，可直接利用氯仿/异戊醇（24∶1）抽提，一方面可有效减少酚对人体的伤害；另一方面可以避免酚残留对后续研究带来影响。

对于辣椒茎尖叶片含糖量较高的材料，如热辣 4 号、LX2-1 和 M9，可以在样品中先加入冰浴缓冲液进行多糖提取，然后再加入 DNA 提取缓冲液。另外，PVP 作为清洁剂，具有吸附作用，能吸附多糖将其除去，可以在 DNA 提取液中加入适量的 PVP。对于茎尖叶片含糖量相对较低的材料，如 L515，一方面可以采用 CTAB 法进行 DNA 提取，另一方面，通过氯仿、异戊醇抽提，增大离心速度或延迟离心时间，也能有效去除糖类物质。

# 第三章  黄灯笼辣椒核心种质资源比较构建研究

海南黄灯笼椒（*Capsicum chinense*Jacquin）为茄科（Solanaceae）辣椒属（*Capsicum*）多年生草本植物（Carvalho et al.，2014），起源于南美亚马逊流域（Qin et al.，2014），又称黄帝椒、黄辣椒等，植物分类学上属于中国辣椒（*Capsicum chinense*），是海南特有的地方珍稀辣椒品种，主要分布于海南岛文昌、万宁、定安等地区，在海南有着悠久的栽培和食用历史（李海龙等，2012）。黄灯笼椒除了含有丰富的维生素 C、矿物质、胡萝卜素、氨基酸及微量元素外，还含有丰富的辣椒素类物质，辣椒素具有缓解疼痛（Fraenkel et al.，2004；Anand et al.，2011）、抗氧化（Lee et al.，2003；Kempaiah et al.，2004）、消炎（Kim et al.，2003）、减肥（Lejeune et al.，2003；Ludy et al.，2012）和抗肿瘤活性（Anandakumar et al.，2012；Lee et al.，2010；Mori et al.，2006）。总之，海南黄灯笼椒具有非常高的营养价值和药用价值，是海南最具开发潜力的特色蔬菜作物（李洪福等，2013；王建华等，2005）。

种质是指决定生物种性并将其遗传信息从亲代传递给子代的遗传物质的总和。种质资源包括携带有不同种质的栽培种、近缘种和野生种（陈世儒，1980）。种质资源内蕴含着丰富的遗传变异和各种性状的有利基因，为栽培种遗传改良、新品种选育及遗传生物学研究提供丰富的遗传变异和基因资源，是人类发展农业的物质基础（朱岩芳等，2010）。随着作物种质资源的不断收集和积累，种质资源的管理费用不断提高，并且增加了特异种质材料筛选、挖掘利用的难度。Frankel 和 Brown 于 1984 年最早提出构建核心种质，核心种质是种质资源的一个核心子集，能够以最少数量的遗传资源最大限度地保存整个资源群体的遗传多样性，因此核心种质可以作为种质资源研究和利用的切入点，从而提高种质资源的管理和利用水平。近年来，核心种质研究蓬勃发展，先后对芝麻（Zhang et al.，2000）、香菇（Liu et al.，2015）、木薯（Oliveira et al.，2014）、大麦（Muñoz-Amatriaín et al.，2014）、咖啡（Leroy et al.，2014）、杏（Krichen et al.，2012）等多种作物构建了核心种质库。园艺作物核心种质研究起步较晚，黄灯笼椒核心种质的研究鲜有报道。

如何使尽可能少的样品保存尽可能多的遗传变异，是有效构建作物核心种质的关键。作物性状表型的差异不仅受基因型的影响，还受环境条件的影响，因此如何准确地评价不同种质材料间遗传上的差异程度以及合理的取样方法则是高效构建核心种质的前提。本研究将采用混合线性模型预测基因型效应值，比较不同取样和聚类方法的优劣，有效构建黄灯笼椒核心种质，以期为黄灯笼椒种质资源的高效利用和新品种选育提供理论依据。

# 一、材料与方法

## （一）材料和基因型值预测

试验于 2013 年 8 月中旬在中国热带农业科学院热带作物品种资源研究所八队试验基地进行育苗，10 月进行移栽，2014 年 2 月至 3 月进行农艺性状调查，为了避免不同种植时间造成的误差，本研究均在同一生长季节完成农艺性状调查。供试黄灯笼辣椒种质资源共 146 份，30 份来自中国海南，15 份来自中国云南，15 份来自英国，18 份来自法国，15 份来自美国，20 份来自巴西，16 份来自墨西哥，17 份来自泰国，不同种质间株高、叶片大小、果实大小等性状存在显著差异。将 146 份黄灯笼辣椒种质资源按随机区组设计进行种植，重复 3 次，每个重复种植 8 株。参考《辣椒种质资源描述规范与数据标准》

调查株高、株幅、叶片长、叶片宽、叶柄长、果纵径、果横径、果柄长、果肉厚和单果重，其中株高指门椒成熟期，植株在自然状态下，其最高点至地面的垂直距离；株幅指门椒成熟期，植株在自然状态下，植株叶幕垂直投影的最大直径；叶片长指四门斗始花期，植株中部完整且生长正常的最大叶片的长度；叶片宽指四门斗始花期，植株中部完整且生长正常的最大叶片的宽度；叶柄长指四门斗始花期，植株中部完整且生长正常的最大叶片的叶柄长度；商品果纵径指发育正常、达到商品成熟度的对椒，果蒂至果顶的直线长度；商品果横径指发育正常、达到商品成熟度的对椒，与纵径垂直的最大横切面的直径；果柄长度指发育正常、达到商品成熟度的对椒的果柄的长度；果肉厚度指发育正常、达到商品成熟度的对椒果肉的厚度；单果重指对椒成熟期，单个正常商品果实的重量。采用朱军（1993）提出的混合线性模型，基于调整无偏预测法无偏预测基因型效应值。

## （二）遗传距离计算与聚类分析

采用马氏距离基于基因型预测值计算不同黄灯笼椒种质间的遗传距离，假设共有 $n$ 份种质资源，采用 $m$ 个性状进行聚类。第 $i$ 个种质与第 $j$ 个种质的基因型效应向量分别为 $g_i^T = (g_{i1}, g_{i2} \cdots g_{im})$；$g_j^T = (g_{j1}, g_{j2} \cdots g_{jm})$，则第 $i$ 个种质与第 $j$ 个种质间的马氏距离计算公式为 $D_{ij}^2 = (g_i - g_j)^T V_G^{-1} (g_i - g_j)$（Mahalanobis，1936）。基于种质间的遗传距离分别利用离差平方和和类平均法进行聚类分析（裴鑫德，1991）。

## （三）抽样与核心种质遗传变异评价

采用随机取样法（胡晋等，2000）、优先取样法（胡晋等，2001）和30%的抽样比率构建黄灯笼椒核心种质库。本研究采用统计分析根据均值、方差、极差和变异系数4个指标来评价核心资源库的优劣。核心库各性状的方差和变异系数应不小于原群体的方差和变异系数，而极差与均值则应基本保持不变（徐海明等，2000）。方差的差异性通过 F 测验进行分析，均值的差异性通过 t 测验进行分析。

# 二、结果与分析

## （一）比较两种聚类方法构建的黄灯笼椒核心种质

采用马氏距离、优先取样法和30%的抽样比率，分别基于两种聚类方法（离差平方和和类平均法）构建核心种质。结果表明，利用离差平方和和类平均法构建的核心种质的均值与原群体没有显著差异，与原群体相比，10 个性状的方差均得到不同程度地提高。利用类平均法构建的核心种质，3 个性状（叶片宽、果纵径、果肉厚）的方差与原群体差异达极显著水平，3 个性状（株高、叶柄长、单果重）的方差与原群体差异达显著水平。采用离差平方和法构建的核心种质仅果肉厚的方差与原群体差异达极显著水平，5 个性状（株高、叶片宽、果纵径、果柄长、单果重）的方差与原群体差异达显著水平。离差平方和和类平均法构建的核心种质均保存了原群体的极差。离差平方和和类平均法构建的核心种质所有 10 个性状的变异系数均高于原群体，采用类平均法构建的核心种质 9 个性状的变异系数高于离差平方和法，仅果柄长的变异系数略低于离差平方和法（表3-1）。综合以上分析结果，采用类平均法进行聚类分析构建的黄灯笼椒核心种质具有相对较大的遗传差异，优于离差平方和法。

表 3-1 两种聚类方法构建的黄灯笼椒核心种质与原群体间遗传差异比较

| 性状 | 聚类方法 | 群体 | 均值 | 方差 | 极差 | 变异系数 |
|------|----------|------|------|------|------|----------|
| | | total | 60. 85 | 258. 59 | 115. 70 | 0. 264 |
| 株高 | 离差平方和 Ward's | core | 63. 49 | 384. 75 * | 115. 70 | 0. 309 |
| | 类平均法 UPGMA | core | 63. 26 | 420. 18 * | 115. 70 | 0. 324 |
| | | total | 67. 52 | 327. 97 | 96. 10 | 0. 268 |
| 株幅 | 离差平方和 Ward's | core | 70. 85 | 414. 71 | 96. 10 | 0. 287 |
| | 类平均法 UPGMA | core | 70. 73 | 447. 14 | 96. 10 | 0. 299 |

（续表）

| 性状 | 聚类方法 | 群体 | 均值 | 方差 | 极差 | 变异系数 |
|---|---|---|---|---|---|---|
| | | total | 17.79 | 14.47 | 21.60 | 0.214 |
| 叶片长 | 离差平方和 Ward's | core | 17.46 | 17.28 | 21.60 | 0.238 |
| | 类平均法 UPGMA | core | 17.87 | 20.47 | 21.60 | 0.253 |
| | | total | 10.44 | 8.67 | 22.90 | 0.282 |
| 叶片宽 | 离差平方和 Ward's | core | 10.01 | 12.78 * | 22.90 | 0.357 |
| | 类平均法 UPGMA | core | 10.75 | 16.20 ** | 22.90 | 0.374 |
| | | total | 4.83 | 2.64 | 8.10 | 0.337 |
| 叶柄长 | 离差平方和 Ward's | core | 5.07 | 3.59 | 8.10 | 0.373 |
| | 类平均法 UPGMA | core | 5.36 | 4.22 * | 8.10 | 0.383 |
| | | total | 4.94 | 1.90 | 11.10 | 0.279 |
| 果纵径 | 离差平方和 Ward's | core | 5.12 | 3.26 * | 11.10 | 0.353 |
| | 类平均法 UPGMA | core | 5.11 | 3.62 ** | 11.10 | 0.372 |
| | | total | 3.49 | 0.73 | 4.80 | 0.245 |
| 果横径 | 离差平方和 Ward's | core | 3.55 | 0.99 | 4.80 | 0.280 |
| | 类平均法 UPGMA | core | 3.49 | 0.99 | 4.80 | 0.285 |
| | | total | 3.52 | 0.55 | 5.00 | 0.211 |
| 果柄长 | 离差平方和 Ward's | core | 3.66 | 0.94 * | 5.00 | 0.265 |
| | 类平均法 UPGMA | core | 3.63 | 0.81 | 5.00 | 0.248 |
| | | total | 0.18 | 0.0019 | 0.36 | 0.237 |
| 果肉厚 | 离差平方和 Ward's | core | 0.19 | 0.0036 ** | 0.36 | 0.319 |
| | 类平均法 UPGMA | core | 0.19 | 0.0039 ** | 0.36 | 0.329 |
| | | total | 10.54 | 15.27 | 18.40 | 0.371 |
| 单果重 | 离差平方和 Ward's | core | 11.31 | 22.95 * | 18.40 | 0.423 |
| | 类平均法 UPGMA | core | 11.35 | 23.86 * | 18.40 | 0.430 |

注：* 和 ** 分别代表核心种质与原群体的方差差异达到 0.05 和 0.01 显著性水平，下同

## （二）比较两种取样方法构建的黄灯笼椒核心种质

采用马氏距离、非加权类平均法和 30% 的取样比率，分别基于两种取样方法（随机取样和优先取样）构建核心种质。结果表明，利用随机取样和优先取样法构建的核心种质的均值与原群体没有显著差异。利用优先取样法构建的核心种质，10 个性状的方差均大于随

机取样法构建的核心种质和原群体，其中 3 个性状（叶片宽、果纵径、果肉厚）的方差与原群体差异达极显著水平，3 个性状（株高、叶柄长、单果重）的方差与原群体差异达显著水平。采用随机取样法构建的核心种质仅果肉厚的方差与原群体差异达极显著水平，2 个性状（株高、叶片宽）的方差与原群体差异达显著水平，果柄长的方差低于原群体。采用优先取样法构建的核心种质保存了原群体的极差，采用随机取样法构建的核心种质仅株高和果肉厚的极差与原群体保持一致，其余性状的极差均小于原群体。优先取样法构建的核心种质所有 10 个性状的变异系数均高于原群体和随机取样法，采用随机取样法构建的核心种质，8 个性状的变异系数高于原群体，2 个性状（叶柄长和果柄长）的变异系数低于原群体（表 3-2）。以上分析结果表明，采用优先取样法构建的黄灯笼椒核心种质具有相对较大的遗传变异，优于随机取样法。

表 3-2　两种抽样方法构建的黄灯笼椒核心种质与原群体间遗传变异比较

| 性状 | 抽样方法 | 群体 | 均值 | 方差 | 极差 | 变异系数 |
|------|----------|------|------|------|------|----------|
| | | total | 60.85 | 258.59 | 115.70 | 0.264 |
| 株高 | 随机取样 Random | core | 65.30 | 380.49* | 115.70 | 0.299 |
| | 优先取样 Preferred | core | 63.26 | 420.18* | 115.70 | 0.324 |
| | | total | 67.52 | 327.97 | 96.10 | 0.268 |
| 株幅 | 随机取样 Random | core | 69.13 | 352.20 | 78.90 | 0.271 |
| | 优先取样 Preferred | core | 70.73 | 447.14 | 96.10 | 0.299 |
| | | total | 17.79 | 14.47 | 21.60 | 0.214 |
| 叶片长 | 随机取样 Random | core | 18.09 | 17.62 | 16.00 | 0.232 |
| | 优先取样 Preferred | core | 17.87 | 20.47 | 21.60 | 0.253 |
| | | total | 10.44 | 8.67 | 22.90 | 0.282 |
| 叶片宽 | 随机取样 Random | core | 10.80 | 14.54* | 21.30 | 0.353 |
| | 优先取样 Preferred | core | 10.75 | 16.20** | 22.90 | 0.374 |
| | | total | 4.83 | 2.64 | 8.10 | 0.337 |
| 叶柄长 | 随机取样 Random | core | 5.05 | 2.78 | 8.00 | 0.330 |
| | 优先取样 Preferred | core | 5.36 | 4.22* | 8.10 | 0.383 |

（续表）

| 性状 | 抽样方法 | 群体 | 均值 | 方差 | 极差 | 变异系数 |
|------|---------|------|------|------|------|---------|
| | | total | 4.94 | 1.90 | 11.10 | 0.279 |
| 果纵径 | 随机取样 Random | core | 5.16 | 2.61 | 10.60 | 0.313 |
| | 优先取样 Preferred | core | 5.11 | 3.62** | 11.10 | 0.372 |
| | | total | 3.49 | 0.73 | 4.80 | 0.245 |
| 果横径 | 随机取样 Random | core | 3.49 | 0.82 | 4.10 | 0.260 |
| | 优先取样 Preferred | core | 3.49 | 0.99 | 4.80 | 0.285 |
| | | total | 3.52 | 0.55 | 5.00 | 0.211 |
| 果柄长 | 随机取样 Random | core | 3.49 | 0.54 | 3.40 | 0.210 |
| | 优先取样 Preferred | core | 3.63 | 0.81 | 5.00 | 0.248 |
| | | total | 0.18 | 0.0019 | 0.36 | 0.237 |
| | 随机取样 Random | core | 0.19 | 0.0035** | 0.36 | 0.318 |
| 果肉厚 | 优先取样 Preferred | core | 0.19 | 0.0039** | 0.36 | 0.329 |
| | | total | 10.54 | 15.27 | 18.40 | 0.371 |
| 单果重 | 随机取样 Random | core | 11.02 | 20.76 | 16.20 | 0.413 |
| | 优先取样 Preferred | core | 11.35 | 23.86* | 18.40 | 0.430 |

## （三）黄灯笼椒核心种质构建

采用马氏距离、非加权类平均法、优先取样法和 30% 的抽样比率，构建黄灯笼椒核心种质。核心种质的均值与原群体没有显著差异。10 个性状的方差均大于原群体，其中 3 个性状（叶片宽、果纵径、果肉厚）的方差与原群体差异达极显著水平，3 个性状（株高、叶柄长、单果重）的方差与原群体差异达显著水平。核心种质保存了原群体的极差。核心种质所有 10 个性状的变异系数均高于原群体（表 3-3）。获取的 43 份核心资源能够代表原群体的遗传多样性。核心种质编号为：CCJ8、CCJ10、CCJ14、CCJ15、CCJ17、CCJ22、CCJ26、CCJ29、CCJ35、CCJ44、CCJ46、CCJ48、CCJ55、CCJ59、CCJ60、CCJ66、CCJ73、CCJ84、CCJ85、CCJ86、CCJ93、CCJ95、CCJ96、CCJ103、CCJ104、CCJ106、CCJ109、CCJ110、CCJ111、

CCJ115、CCJ117、CCJ120、CCJ121、CCJ122、CCJ126、CCJ127、CCJ129、CCJ130、CCJ131、CCJ134、CCJ135、CCJ138、CCJ141。

表3-3　黄灯笼椒核心种质与原群体间遗传差异比较

| 性状 | 群体 | 均值 | 方差 | 极差 | 变异系数 |
|------|------|------|------|------|----------|
| 株高 | total | 60.85 | 258.59 | 115.70 | 0.264 |
| | core | 63.26 | 420.18 * | 115.70 | 0.324 |
| 株幅 | total | 67.52 | 327.97 | 96.10 | 0.268 |
| | core | 70.73 | 447.14 | 96.10 | 0.299 |
| 叶片长 | total | 17.79 | 14.47 | 21.60 | 0.214 |
| | core | 17.87 | 20.47 | 21.60 | 0.253 |
| 叶片宽 | total | 10.44 | 8.67 | 22.90 | 0.282 |
| | core | 10.75 | 16.20 ** | 22.90 | 0.374 |
| 叶柄长 | total | 4.83 | 2.64 | 8.10 | 0.337 |
| | core | 5.36 | 4.22 * | 8.10 | 0.383 |
| 果纵径 | total | 4.94 | 1.90 | 11.10 | 0.279 |
| | core | 5.11 | 3.62 ** | 11.10 | 0.372 |
| 果横径 | total | 3.49 | 0.73 | 4.80 | 0.245 |
| | core | 3.49 | 0.99 | 4.80 | 0.285 |
| 果柄长 | total | 3.52 | 0.55 | 5.00 | 0.211 |
| | core | 3.63 | 0.81 | 5.00 | 0.248 |
| 果肉厚 | total | 0.18 | 0.0019 | 0.36 | 0.237 |
| | core | 0.19 | 0.0039 ** | 0.36 | 0.329 |
| 单果重 | total | 10.54 | 15.27 | 18.40 | 0.371 |
| | core | 11.35 | 23.86 * | 18.40 | 0.430 |

# 三、结论与讨论

核心种质是种质资源的一个核心子集，以最少的遗传资源数量最大限度地保存整个资源群体的遗传多样性。核心种质的构建可以大大提高整个种质库的管理和利用水平。种质材料的表型不仅受基因型控制，还受环境条件的影响，如何准确地度量不同遗传材料间的遗传差异是构建核心种质的关键。为了排除环境条件、基因型与环境互作的影响，本研究采用混合线性模型无偏预测性状的基因型值，基于基因型值计算种质材料间的遗传距离。

为确保核心种质能够保存原群体的遗传结构，首先要对该群体进行遗传分类。聚类分析是一种重要的多变量分析工具，被广泛应用于种质资源的分类、亲缘关系分析等研究（Peeters et al., 1989）。本研究比较了离差平方和法和类平均法两种聚类方法构建的黄灯笼椒核心种质的优劣。研究结果表明，采用类平均法进行聚类分析构建的黄灯笼椒核心种质具有相对较大的遗传变异，优于离差平方和法。

完成种质资源遗传分类后，需根据分类结果采用一定的取样策略对各类群进行抽样。核心材料的取样是构建核心种质的另一个重要环节，不同的取样方法直接影响核心种质库的优劣。本研究比较了随机取样法和优先取样法构建的黄灯笼椒核心种质的优劣。通过比较方差和变异系数发现，优先取样法构建的核心种质的方差和变异系数均大于随机取样法，并且优先取样法优先抽取性状最大或最小值的样品，有利于保存特异种质材料，优于随机取样法。

核心种质材料应能代表原有种质资源的遗传多样性，本研究采用方差、极差、均值和变异系数4个指标来评价核心种质，核心种质各性状的方差和变异系数应不小于原群体，而极差与均值则应基本保持不变（徐海明等，2000）。本研究采用马氏距离、非加权类平均法和优先取样法构建的黄灯笼椒核心种质，均值与原群体没有显著差异，10个性状的方差均大于原群体，保存了原群体的极差，10个性状的变异系数均高于原群体，获取的43份核心资源能够代表原群体的遗传多样性。

# 第四章　黄灯笼辣椒核心种质遗传多样性分析

作物种质资源内蕴含着极其丰富的遗传变异和各种性状的有利基因，是我国农业生产和育种工作的物质基础。遗传多样性和亲缘关系分析是植物种质资源研究、评价与鉴定的主要内容。对作物种质资源进行遗传多样性分析，有助于了解不同材料间的亲缘关系，为种质资源的开发利用提供重要信息，为不同生态环境间的引种或驯化提供指导（王振东等，2010）。辣椒种质资源遗传多样性的研究多集中在一年生辣椒（陈学军等，2007；何建文等，2009；李晴等，2010；李永平等，2011），有关黄灯笼椒核心种质遗传多样性的研究鲜有报道。

遗传多样性是种质资源对环境变化适应能力的表现。种质资源的表型特征是基因型、环境以及基因型与环境相互作用的综合表现（张嘉楠等，2010）。表型性状的遗传多样性研究对种质资源的挖掘利用具有重要意义。但是，形态性状分析存在一些弊端，有的形态性状受环境因素影响较大（苗锦山等，2010），同时也受观察者的实践经验等主观因素的影响，利用性状表型值往往不能够准确度量种质间的遗传差异。本研究在前期构建黄灯笼椒核心种质的基础上，基于性状的基因型预测值开展性状间的相关性及种质间的亲缘关系分析，以期为黄灯笼椒核心种质的有效利用和新品种选育提供理论依据。

# 一、材料与方法

## （一）试验材料和基因型值预测

将 43 份黄灯笼椒核心种质按随机区组设计种植于中国热带农业科学院热带作物品种资源研究所 8 队试验基地，3 次重复，参考《辣椒种质资源描述规范与数据标准》调查株高、株幅、叶片长、叶片宽、叶柄长、果纵径、果横径、果柄长、果肉厚、单果重。采用朱军提出的混合线性模型统计分析方法无偏预测性状的基因型效应值（朱军，1993）。

## （二）遗传多样性和相关性分析

采用 SAS 9.0 软件统计分析 10 个性状的最小值、最大值、平均值、极差、变异系数、方差和遗传多样性指数 H′，基于性状的基因型预测值计算各性状之间的相关性系数。

## （三）聚类分析

采用 SPSS 9.0 软件基于 10 个性状的基因型效应值对 43 份黄灯笼椒核心种质进行遗传分类，构建聚类图。采用欧氏距离法计算两样本间的遗传距离，欧氏距离计算公式为 $EUCLID = \sqrt{\sum_{i=1}^{k}(x_i - y_i)^2}$，其中，$k$ 表示样本有 $k$ 个变量，$x_i$ 表示第一个样本在第 $i$ 个变量上的取值，$y_i$ 标示第二个样本在第 $i$ 个变量上的取值，采用最短距离法计算样本与小类之间的遗传距离。

# 二、结果与分析

## (一) 黄灯笼椒农艺性状的遗传多样性分析

　　株高、株幅、叶片长、叶片宽、叶柄长、果纵径、果横径、果柄长、果肉厚、单果重的极差远大于其平均值，尤其是株高、叶片宽、果纵径、果肉厚的极差几乎是平均值的 2 倍，这说明黄灯笼椒核心种质 10 个农艺性状的表型值比较分散。单果重的变异系数最大，为0.43，叶柄长变异系数次之，为 0.38，除叶片长、果横径和果柄长外，其余性状的变异系数均超过了 0.3，进一步说明了黄灯笼椒核心种质性状表型值的离散程度较高，各种质之间的遗传差异较大。10个农艺性状的多样性指数分别为 3.71、3.72、3.73、3.70、3.69、3.70、3.72、3.73、3.71 和 3.67，均超过了 3.50，该结果表明黄灯笼椒核心种质存在丰富的遗传多样性（表 4-1）。

表 4-1　黄灯笼椒核心种质农艺性状遗传变异

| 性状 | 最小值 | 最大值 | 平均值 | 极差 | 方差 | 变异系数 | 多样性指数 |
|---|---|---|---|---|---|---|---|
| 株高 | 23.90 | 139.60 | 63.26 | 115.70 | 420.18 | 0.32 | 3.71 |
| 株幅 | 29.50 | 125.60 | 70.73 | 96.10 | 447.14 | 0.30 | 3.72 |
| 叶片长 | 6.70 | 28.30 | 17.87 | 21.60 | 20.47 | 0.25 | 3.73 |
| 叶片宽 | 2.70 | 25.60 | 10.75 | 22.90 | 16.20 | 0.37 | 3.70 |
| 叶柄长 | 2.40 | 10.50 | 5.36 | 8.10 | 4.22 | 0.38 | 3.69 |
| 果纵径 | 1.70 | 12.80 | 5.11 | 11.10 | 3.62 | 0.37 | 3.70 |
| 果横径 | 1.40 | 6.20 | 3.49 | 4.80 | 0.99 | 0.28 | 3.72 |
| 果柄长 | 1.40 | 6.40 | 3.63 | 5.00 | 0.81 | 0.25 | 3.73 |
| 果肉厚 | 0.10 | 0.46 | 0.19 | 0.36 | 0.004 | 0.32 | 3.71 |
| 单果重 | 1.80 | 20.20 | 11.35 | 18.40 | 23.86 | 0.43 | 3.67 |

## （二）黄灯笼辣椒农艺性状的相关性分析

相关性分析可以实现通过对一种性状的选择达到间接选择另一种性状的效果，从而可以大大提高选择效率。利用复合线性模型基于调整无偏预测法预测 43 份黄灯笼椒核心种质 10 个农艺性状的基因型效应值。基于基因型效应值进行性状间的相关性分析发现，株高与株幅、叶片长成极显著正相关，相关系数分别为 0.68 和 0.51；叶片长与叶片宽呈极显著正相关，与叶柄长呈显著相关，相关系数分别为 0.67 和 0.30；叶片宽与果横径呈极显著正相关，相关系数 0.50；叶柄长与果纵径呈显著正相关，相关系数为 0.38；果纵径与单果重呈极显著正相关，与果柄长呈显著正相关，相关系数分别为 0.56 和 0.30；果横径与单果重呈极显著正相关，相关系数为 0.57；果柄长与单果重呈极显著正相关，相关系数为 0.53（表 4-2）。基于以上分析结果，在黄灯笼椒新品种选育过程中，筛选果纵径、果横径和果柄长较大的育种材料，可以达到增加产量的目标。

表 4-2  基于基因型值的黄灯笼椒农艺性状的相关性分析

| 性状 | 1 | 2 | 3 | 4 | 5 | 6 | 7 | 8 | 9 | 10 |
|---|---|---|---|---|---|---|---|---|---|---|
| 株高 | 1 | 0.68** | 0.51** | 0.26 | 0.26 | 0.24 | 0.22 | 0.22 | 0.12 | 0.25 |
| 株幅 | | 1 | 0.28 | 0.07 | 0.23 | 0.11 | 0.13 | 0.19 | 0.00 | 0.11 |
| 叶片长 | | | 1 | 0.67** | 0.30* | 0.12 | 0.25 | 0.27 | 0.04 | 0.17 |
| 叶片宽 | | | | 1 | 0.07 | -0.01 | 0.50** | 0.12 | -0.11 | 0.28 |
| 叶柄长 | | | | | 1 | 0.38* | -0.12 | 0.12 | 0.20 | 0.20 |
| 果纵径 | | | | | | 1 | -0.11 | 0.30* | 0.14 | 0.56** |
| 果横径 | | | | | | | 1 | 0.26 | -0.27 | 0.57** |
| 果柄长 | | | | | | | | 1 | 0.19 | 0.53** |
| 果肉厚 | | | | | | | | | 1 | 0.21 |
| 单果重 | | | | | | | | | | 1 |

## （三）黄灯笼椒核心种质聚类分析

利用欧氏距离法基于 10 个农艺性状的基因型预测值计算黄灯笼椒核心种质间的遗传距离，在供试的 43 份核心材料中，不同种质间遗传距离变幅为 1.84~12.14，表明这些核心材料间遗传差异较大。其中，CCJ129 和 CCJ59、CCJ22 和 CCJ29、CCJ48 和 CCJ14、CCJ44 和 CCJ26、CCJ10 和 CCJ35、CCJ8 和 CCJ35 间遗传距离较小，遗传距离分别为 1.84、1.94、2.03、2.09、2.14 和 2.36，表明这些材料间亲缘关系相对较近。另外，CCJ120 和 CCJ134、CCJ126 和 CCJ134、CCJ55 和 CCJ134、CCJ66 和 CCJ134、CCJ96 和 CCJ134、CCJ120 和 CCJ35、CCJ55 和 CCJ35、CCJ134 和 CCJ111、CCJ115 和 CCJ134、CCJ134 和 CCJ93、CCJ29 和 CCJ120、CCJ109 和 CCJ55、CCJ55 和 CCJ126、CCJ10 和 CCJ55、CCJ55 和 CCJ60、CCJ120 和 CCJ8、CCJ131 和 CCJ55、CCJ120 和 CCJ22 间遗传距离较大，均超过了 9.50，分别为 12.14、11.19、11.04、10.81、10.73、10.51、10.44、10.35、10.31、10.09、10.06、9.98、9.66、9.66、9.65、9.61、9.58 和 9.50，表明这些材料间亲缘关系较远。

在聚类重新标定距离为 9.5 时，43 份黄灯笼椒核心种质被分为 8 个类群，第 1 个类群包括 1 份种质，为 CCJ120；第 2 类群包括 35 份种质；第 3 类群包括 1 份种质，为 CCJ60；第 4 类群包括 2 份种质，分别为 CCJ66 和 CCJ110，表明这 2 份种质亲缘关系相对较近；第 5 类群包括 1 份种质，为 CCJ96；第 6 类群包括 1 份种质，为 CCJ55；第 7 类群包括 1 份种质，为 CCJ134；第 8 类群包括 1 份种质，为 CCJ85。第 1、3、5、6、7 和 8 类群分别由 1 份种质材料组成，表明这 6 份种质与其余种质亲缘关系较远（图 4-1）。

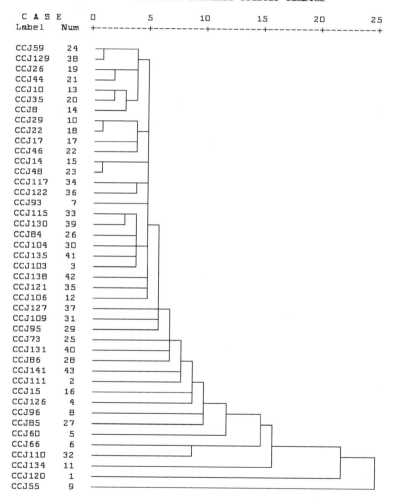

图 4-1 黄灯笼椒核心种质聚类分析

# 三、结论与讨论

种质资源是我国农业生产和育种工作的物质基础（朱岩芳等，2010）。辣椒在漫长的传播、演化过程中，已形成若干不同的生态类型，其熟性、产量等农艺性状都有极大的差异，对辣椒种质资源农艺性状进行遗传多样性研究，有助于了解种质的遗传背景，为种质资源的开发利用提供重要信息。本研究分析了43份黄灯笼椒核心种质10个农艺性状的遗传多样性，10个农艺性状的多样性指数均超过了3.5，该结果表明黄灯笼椒核心种质存在丰富的遗传多样性。

相关性分析能够解析农艺性状间的联动关系（梁永书等，2011）。通过重要性状的遗传改良同步达到改良次要性状的目的，加速育种进程。由于作物的农艺性状多数为数量性状，性状表型受基因型、环境条件及基因型与环境互作的影响（徐海明等，2000），直接利用性状的表型值度量性状间的相关性存在一定误差。为了准确评价性状间的相关性关系，本研究采用调整无偏预测法预测43份黄灯笼椒核心种质10个农艺性状的基因型值，基于性状的基因型效应值进行相关性分析。研究结果表明，株高与株幅、叶片长成极显著正相关；叶片长与叶片宽呈极显著正相关，与叶柄长呈显著相关；叶片宽与果横径呈极显著正相关；叶柄长与果纵径呈显著相关；果纵径与单果重呈极显著正相关，与果柄长呈显著正相关；果横径与单果重呈极显著正相关；果柄长与单果重呈极显著正相关。

为了充分挖掘优异黄灯笼椒种质资源和引进新的种质资源，规范黄灯笼椒种质资源的收集、鉴定和保存，促使黄灯笼椒种质资源得到合理的保护和利用，本研究利用10个农艺性状的基因型效应值对43份黄灯笼椒核心种质进行亲缘关系分析，不同种质间遗传距离变幅为1.84~12.14，表明这些核心材料间遗传差异较大。聚类分析结果表明，在聚类重新标定距离为9.5时，43份黄灯笼椒核心种质被分为8

个类群，其中第 1、3、5、6、7 和 8 类群分别由 1 份种质材料组成，表明这 6 份种质与其余种质亲缘关系较远。可以选取亲缘关系较远的核心材料配制杂交组合，选育性状优良、杂种优势显著的黄灯笼椒新品种。

# 第五章　甜椒核心种质资源
# 比较构建研究

甜椒（*Capsicum annuum* L. var. *grossum* Sendt.）属于一年生辣椒，果实不辣而略带甜味，以果实特有的色泽和营养成分成为一种世界性的蔬菜作物（Kim et al.，2008；Chen et al.，2012），大量研究表明甜椒果实中含有丰富的维生素 A（Mejia et al.，1998）、维生素 C、类胡萝卜素（Ha et al.，2007）及钙、铁等矿物质可以保护生物有机体免受氧化伤害（Marín et al.，2004；Sun et al.，2007），预防坏血病和提高机体免疫力。

种质资源内蕴含着极其丰富的遗传变异和各种性状的有利基因，不仅是农业生产和育种工作的物质基础，而且是生物学研究的重要材料（朱岩芳等，2010）。常规育种、远缘杂交、倍性育种、辐射育种和遗传工程等都不能离开种质资源。种质资源的数量和质量，以及对其遗传特性研究的深度与广度是决定育种效果的重要条件。植物育种每次重大突破，都与重要种质资源的发现与利用有关。世界各国相继建立了不同作物的种质资源库，随着种质资源的不断收集和积累，种质资源库的管理费用不断提高，并且加大了筛选特异种质材料的难度。辣椒作为一种世界性蔬菜作物具有丰富的遗传多样性（Lefebvre et al.，2002），但大多数种质资源没有得到有效利用（Rao et al.，2003）。Frankel 和 Brown 于 1984 年最早提出构建核心种质的理念。对种质资源进行深入的评价与鉴定，并在此基础上建立起核心种质，不仅有利于种质库的管理，而且可以促进种质资源的深入利用，从而大大提高种质资源的利用效率。近年来，核心种质研究蓬勃发展，先后对菜豆（Blair et al.，2009）、玉米（Coimbra et al.，2009）、水稻

（Li et al., 2010；Zhang et al., 2011）、花生（Wang et al., 2011）、大豆（Kaga et al., 2012）、橄榄（EI et al., 2013）、短柄草（Tyler et al., 2014）等多种作物构建了核心种质库。园艺作物核心种质研究起步较晚，甜椒核心种质的研究鲜有报道。

如何使尽可能少的样品保存尽可能多的遗传变异，是构建核心种质的关键问题。作物性状表型受基因型和环境条件控制，准确度量不同遗传材料间的遗传差异是有效构建核心种质的前提。本研究将采用混合线性模型预测性状的基因型效应值，比较不同取样和聚类方法的优劣，有效构建甜椒核心种质，以期为甜椒种质资源的高效利用和新品种选育提供理论依据。

# 一、材料与方法

## （一）供试种质材料和基因型值预测

供试甜椒种质资源共 410 份，其中 12 份来自山东，13 份来自河北，26 份来自湖南，30 份来自山西，22 份来自甘肃，20 份来自新疆，24 份来自江苏，15 份来自福建，35 份来自广东，34 份来自云南，38 份来自海南，18 份来自广西，15 份来自美国，11 份来自英国，18 份来自墨西哥，10 份来自法国，11 份来自泰国，5 份来自日本，22 份来自巴西，8 份来自格林纳达，10 份来自河南，13 份来自四川（表 5-1）。不同种质间株高、叶片大小、果实大小等性状存在显著差异。

表 5-1 甜椒种质资源来源

| 种质编号 | 来源 | 种质编号 | 来源 | 种质编号 | 来源 | 种质编号 | 来源 |
|---|---|---|---|---|---|---|---|
| SP1 | 山东 | SP106 | 新疆 | SP211 | 云南 | SP316 | 墨西哥 |
| SP2 | 山东 | SP107 | 新疆 | SP212 | 云南 | SP317 | 墨西哥 |
| SP3 | 山东 | SP108 | 新疆 | SP213 | 云南 | SP318 | 墨西哥 |

（续表）

| 种质编号 | 来源 | 种质编号 | 来源 | 种质编号 | 来源 | 种质编号 | 来源 |
|---|---|---|---|---|---|---|---|
| SP4 | 山东 | SP109 | 新疆 | SP214 | 云南 | SP319 | 墨西哥 |
| SP5 | 山东 | SP110 | 新疆 | SP215 | 云南 | SP320 | 墨西哥 |
| SP6 | 山东 | SP111 | 新疆 | SP216 | 云南 | SP321 | 墨西哥 |
| SP7 | 山东 | SP112 | 新疆 | SP217 | 云南 | SP322 | 墨西哥 |
| SP8 | 山东 | SP113 | 新疆 | SP218 | 云南 | SP323 | 墨西哥 |
| SP9 | 山东 | SP114 | 新疆 | SP219 | 云南 | SP324 | 墨西哥 |
| SP10 | 山东 | SP115 | 新疆 | SP220 | 云南 | SP325 | 墨西哥 |
| SP11 | 山东 | SP116 | 新疆 | SP221 | 云南 | SP326 | 墨西哥 |
| SP12 | 山东 | SP117 | 新疆 | SP222 | 云南 | SP327 | 墨西哥 |
| SP13 | 河北 | SP118 | 新疆 | SP223 | 云南 | SP328 | 墨西哥 |
| SP14 | 河北 | SP119 | 新疆 | SP224 | 云南 | SP329 | 墨西哥 |
| SP15 | 河北 | SP120 | 新疆 | SP225 | 云南 | SP330 | 墨西哥 |
| SP16 | 河北 | SP121 | 新疆 | SP226 | 云南 | SP331 | 墨西哥 |
| SP17 | 河北 | SP122 | 新疆 | SP227 | 云南 | SP332 | 法国 |
| SP18 | 河北 | SP123 | 新疆 | SP228 | 云南 | SP333 | 法国 |
| SP19 | 河北 | SP124 | 江苏 | SP229 | 云南 | SP334 | 法国 |
| SP20 | 河北 | SP125 | 江苏 | SP230 | 云南 | SP335 | 法国 |
| SP21 | 河北 | SP126 | 江苏 | SP231 | 云南 | SP336 | 法国 |
| SP22 | 河北 | SP127 | 江苏 | SP232 | 海南 | SP337 | 法国 |
| SP23 | 河北 | SP128 | 江苏 | SP233 | 海南 | SP338 | 法国 |
| SP24 | 河北 | SP129 | 江苏 | SP234 | 海南 | SP339 | 法国 |
| SP25 | 河北 | SP130 | 江苏 | SP235 | 海南 | SP340 | 法国 |
| SP26 | 湖南 | SP131 | 江苏 | SP236 | 海南 | SP341 | 法国 |
| SP27 | 湖南 | SP132 | 江苏 | SP237 | 海南 | SP342 | 泰国 |
| SP28 | 湖南 | SP133 | 江苏 | SP238 | 海南 | SP343 | 泰国 |
| SP29 | 湖南 | SP134 | 江苏 | SP239 | 海南 | SP344 | 泰国 |
| SP30 | 湖南 | SP135 | 江苏 | SP240 | 海南 | SP345 | 泰国 |
| SP31 | 湖南 | SP136 | 江苏 | SP241 | 海南 | SP346 | 泰国 |

（续表）

| 种质编号 | 来源 | 种质编号 | 来源 | 种质编号 | 来源 | 种质编号 | 来源 |
|---|---|---|---|---|---|---|---|
| SP32 | 湖南 | SP137 | 江苏 | SP242 | 海南 | SP347 | 泰国 |
| SP33 | 湖南 | SP138 | 江苏 | SP243 | 海南 | SP348 | 泰国 |
| SP34 | 湖南 | SP139 | 江苏 | SP244 | 海南 | SP349 | 泰国 |
| SP35 | 湖南 | SP140 | 江苏 | SP245 | 海南 | SP350 | 泰国 |
| SP36 | 湖南 | SP141 | 江苏 | SP246 | 海南 | SP351 | 泰国 |
| SP37 | 湖南 | SP142 | 江苏 | SP247 | 海南 | SP352 | 泰国 |
| SP38 | 湖南 | SP143 | 江苏 | SP248 | 海南 | SP353 | 日本 |
| SP39 | 湖南 | SP144 | 江苏 | SP249 | 海南 | SP354 | 日本 |
| SP40 | 湖南 | SP145 | 江苏 | SP250 | 海南 | SP355 | 日本 |
| SP41 | 湖南 | SP146 | 江苏 | SP251 | 海南 | SP356 | 日本 |
| SP42 | 湖南 | SP147 | 江苏 | SP252 | 海南 | SP357 | 日本 |
| SP43 | 湖南 | SP148 | 福建 | SP253 | 海南 | SP358 | 巴西 |
| SP44 | 湖南 | SP149 | 福建 | SP254 | 海南 | SP359 | 巴西 |
| SP45 | 湖南 | SP150 | 福建 | SP255 | 海南 | SP360 | 巴西 |
| SP46 | 湖南 | SP151 | 福建 | SP256 | 海南 | SP361 | 巴西 |
| SP47 | 湖南 | SP152 | 福建 | SP257 | 海南 | SP362 | 巴西 |
| SP48 | 湖南 | SP153 | 福建 | SP258 | 海南 | SP363 | 巴西 |
| SP49 | 湖南 | SP154 | 福建 | SP259 | 海南 | SP364 | 巴西 |
| SP50 | 湖南 | SP155 | 福建 | SP260 | 海南 | SP365 | 巴西 |
| SP51 | 湖南 | SP156 | 福建 | SP261 | 海南 | SP366 | 巴西 |
| SP52 | 山西 | SP157 | 福建 | SP262 | 海南 | SP367 | 巴西 |
| SP53 | 山西 | SP158 | 福建 | SP263 | 海南 | SP368 | 巴西 |
| SP54 | 山西 | SP159 | 福建 | SP264 | 海南 | SP369 | 巴西 |
| SP55 | 山西 | SP160 | 福建 | SP265 | 海南 | SP370 | 巴西 |
| SP56 | 山西 | SP161 | 福建 | SP266 | 海南 | SP371 | 巴西 |
| SP57 | 山西 | SP162 | 福建 | SP267 | 海南 | SP372 | 巴西 |
| SP58 | 山西 | SP163 | 广东 | SP268 | 海南 | SP373 | 巴西 |
| SP59 | 山西 | SP164 | 广东 | SP269 | 海南 | SP374 | 巴西 |

（续表）

| 种质编号 | 来源 | 种质编号 | 来源 | 种质编号 | 来源 | 种质编号 | 来源 |
|---|---|---|---|---|---|---|---|
| SP60 | 山西 | SP165 | 广东 | SP270 | 广西 | SP375 | 巴西 |
| SP61 | 山西 | SP166 | 广东 | SP271 | 广西 | SP376 | 巴西 |
| SP62 | 山西 | SP167 | 广东 | SP272 | 广西 | SP377 | 巴西 |
| SP63 | 山西 | SP168 | 广东 | SP273 | 广西 | SP378 | 巴西 |
| SP64 | 山西 | SP169 | 广东 | SP274 | 广西 | SP379 | 巴西 |
| SP65 | 山西 | SP170 | 广东 | SP275 | 广西 | SP380 | 格林纳达 |
| SP66 | 山西 | SP171 | 广东 | SP276 | 广西 | SP381 | 格林纳达 |
| SP67 | 山西 | SP172 | 广东 | SP277 | 广西 | SP382 | 格林纳达 |
| SP68 | 山西 | SP173 | 广东 | SP278 | 广西 | SP383 | 格林纳达 |
| SP69 | 山西 | SP174 | 广东 | SP279 | 广西 | SP384 | 格林纳达 |
| SP70 | 山西 | SP175 | 广东 | SP280 | 广西 | SP385 | 格林纳达 |
| SP71 | 山西 | SP176 | 广东 | SP281 | 广西 | SP386 | 格林纳达 |
| SP72 | 山西 | SP177 | 广东 | SP282 | 广西 | SP387 | 格林纳达 |
| SP73 | 山西 | SP178 | 广东 | SP283 | 广西 | SP388 | 河南 |
| SP74 | 山西 | SP179 | 广东 | SP284 | 广西 | SP389 | 河南 |
| SP75 | 山西 | SP180 | 广东 | SP285 | 广西 | SP390 | 河南 |
| SP76 | 山西 | SP181 | 广东 | SP286 | 广西 | SP391 | 河南 |
| SP77 | 山西 | SP182 | 广东 | SP287 | 广西 | SP392 | 河南 |
| SP78 | 山西 | SP183 | 广东 | SP288 | 美国 | SP393 | 河南 |
| SP79 | 山西 | SP184 | 广东 | SP289 | 美国 | SP394 | 河南 |
| SP80 | 山西 | SP185 | 广东 | SP290 | 美国 | SP395 | 河南 |
| SP81 | 山西 | SP186 | 广东 | SP291 | 美国 | SP396 | 河南 |
| SP82 | 甘肃 | SP187 | 广东 | SP292 | 美国 | SP397 | 河南 |
| SP83 | 甘肃 | SP188 | 广东 | SP293 | 美国 | SP398 | 四川 |
| SP84 | 甘肃 | SP189 | 广东 | SP294 | 美国 | SP399 | 四川 |
| SP85 | 甘肃 | SP190 | 广东 | SP295 | 美国 | SP400 | 四川 |
| SP86 | 甘肃 | SP191 | 广东 | SP296 | 美国 | SP401 | 四川 |
| SP87 | 甘肃 | SP192 | 广东 | SP297 | 美国 | SP402 | 四川 |

（续表）

| 种质编号 | 来源 | 种质编号 | 来源 | 种质编号 | 来源 | 种质编号 | 来源 |
|---|---|---|---|---|---|---|---|
| SP88 | 甘肃 | SP193 | 广东 | SP298 | 美国 | SP403 | 四川 |
| SP89 | 甘肃 | SP194 | 广东 | SP299 | 美国 | SP404 | 四川 |
| SP90 | 甘肃 | SP195 | 广东 | SP300 | 美国 | SP405 | 四川 |
| SP91 | 甘肃 | SP196 | 广东 | SP301 | 美国 | SP406 | 四川 |
| SP92 | 甘肃 | SP197 | 广东 | SP302 | 美国 | SP407 | 四川 |
| SP93 | 甘肃 | SP198 | 云南 | SP303 | 英国 | SP408 | 四川 |
| SP94 | 甘肃 | SP199 | 云南 | SP304 | 英国 | SP409 | 四川 |
| SP95 | 甘肃 | SP200 | 云南 | SP305 | 英国 | SP410 | 四川 |
| SP96 | 甘肃 | SP201 | 云南 | SP306 | 英国 | | |
| SP97 | 甘肃 | SP202 | 云南 | SP307 | 英国 | | |
| SP98 | 甘肃 | SP203 | 云南 | SP308 | 英国 | | |
| SP99 | 甘肃 | SP204 | 云南 | SP309 | 英国 | | |
| SP100 | 甘肃 | SP205 | 云南 | SP310 | 英国 | | |
| SP101 | 甘肃 | SP206 | 云南 | SP311 | 英国 | | |
| SP102 | 甘肃 | SP207 | 云南 | SP312 | 英国 | | |
| SP103 | 甘肃 | SP208 | 云南 | SP313 | 英国 | | |
| SP104 | 新疆 | SP209 | 云南 | SP314 | 墨西哥 | | |
| SP105 | 新疆 | SP210 | 云南 | SP315 | 墨西哥 | | |

将410份甜椒种质资源按田间行列编号顺序种植，以一定间隔穿插对照种质，连续进行3年试验，参考《辣椒种质资源描述规范与数据标准》调查株高、株幅、首节位、果纵径、果横径、果柄长、果肉厚和单果重。采用朱军提出的混合线性统计分析模型，利用调整无偏预测法无偏预测性状的基因型效应值（朱军，1993）。

## （二）遗传距离计算与聚类分析

采用马氏距离基于基因型预测值计算不同种质间的遗传距离，假设共有 n 份种质资源，采用 m 个性状进行聚类。第 $i$ 个种质与第 $j$ 个种质的基因型效应向量分别为 $g_i^T = (g_{i1}, g_{i2} \cdots g_{im})$；$g_j^T = (g_{j1}, g_{j2} \cdots g_{jm})$，则第 $i$ 个种质与第 $j$ 个种质间的马氏距离计算公式为 $D_{ij}^2 = (g_i - g_j)^T V_G^{-1} (g_i - g_j)$（Mahalanobis，1936）。基于甜椒种质间的遗传距离分别采用最短距离法和不加权类平均法进行聚类分析（裴鑫德，1991）。

### （三） 抽样和核心种质遗传变异评价

分别采用随机取样（胡晋等，2000）、偏离度取样（徐海明等，2000）和 25% 的抽样比率构建甜椒核心种质库，本研究采用均值、方差、极差和变异系数 4 个指标来评价核心资源库的优劣，分别利用 F 测验和 t 测验分析方差和均值的差异性。

# 二、结果与分析

## （一） 比较两种聚类方法构建的甜椒核心种质

根据性状的基因型值，采用马氏距离、偏离度取样法和 25% 的抽样比率，分别基于两种聚类方法（最短距离法和类平均法）构建核心种质。结果表明，利用最短距离法和类平均法构建的核心种质的均值与原群体没有显著差异。与原群体相比，8 个性状的方差均得到不同程度地提高。利用最短距离法构建的核心种质，所有 8 个性状的方差与原群体差异达极显著水平。采用类平均法构建的核心种质，5 个性状（株幅、果纵径、果横径、果肉厚、单果重）的方差与原群体差异达极显著水平，果柄长的方差与原群体无显著性差异。最短距离法构建的核心种质 6 个性状保存了原群体的极差，类平均法构建的核心种质 5 个性状保存了原群体的极差。最短距离法和类平均法均能提高性状的变异系数，采用最短距离法构建的核心种质的变异系数均大于类平均法（表 5-2）。综合以上分析结果，采用最短距离法进行聚类分析构建的甜椒核心种质具有相对较大的遗传变异，优于类平均法。

表 5-2　两种聚类方法构建的甜椒核心种质与原群体间遗传变异比较

| 性状 | 聚类方法 | 群体 | 均值 | 方差 | 极差 | 变异系数 |
|---|---|---|---|---|---|---|
| | | total | 57.76 | 124.95 | 68.70 | 0.194 |
| 株高（cm） | 最短距离法 Single | core | 60.72 | 195.02 ** | 67.90 | 0.230 |
| | 类平均法 UPGMA | core | 59.58 | 161.92 * | 61.50 | 0.214 |
| | | total | 45.03 | 61.32 | 57.90 | 0.174 |
| 株幅（cm） | 最短距离法 Single | core | 45.06 | 102.84 ** | 57.90 | 0.225 |
| | 类平均法 UPGMA | core | 45.45 | 93.51 ** | 57.90 | 0.213 |
| | | total | 8.30 | 2.87 | 9.00 | 0.204 |
| 首花节位（节） | 最短距离法 Single | core | 8.26 | 4.18 ** | 9.00 | 0.247 |
| | 类平均法 UPGMA | core | 8.30 | 3.80 * | 9.00 | 0.235 |
| | | total | 9.94 | 6.94 | 15.50 | 0.265 |
| 果纵径（cm） | 最短距离法 Single | core | 10.67 | 12.66 ** | 15.30 | 0.333 |
| | 类平均法 UPGMA | core | 10.49 | 10.91 ** | 15.30 | 0.315 |
| | | total | 8.04 | 1.79 | 10.80 | 0.167 |
| 果横径（cm） | 最短距离法 Single | core | 8.00 | 3.55 ** | 10.80 | 0.236 |
| | 类平均法 UPGMA | core | 8.06 | 2.81 ** | 10.80 | 0.208 |
| | | total | 4.21 | 1.04 | 5.90 | 0.242 |
| 果柄长（cm） | 最短距离法 Single | core | 4.24 | 1.69 ** | 5.90 | 0.306 |
| | 类平均法 UPGMA | core | 4.42 | 1.32 | 5.00 | 0.260 |
| | | total | 0.62 | 0.02 | 0.93 | 0.241 |
| 果肉厚（cm） | 最短距离法 Single | core | 0.64 | 0.04 ** | 0.93 | 0.303 |
| | 类平均法 UPGMA | core | 0.65 | 0.04 ** | 0.93 | 0.290 |
| | | total | 177.75 | 3 701.19 | 345.70 | 0.342 |
| 单果重（g） | 最短距离法 Single | core | 179.09 | 6 265.09 ** | 345.70 | 0.442 |
| | 类平均法 UPGMA | core | 188.19 | 6 201.39 ** | 345.70 | 0.418 |

注：* 和 ** 分别代表核心种质与原群体的方差差异达到 0.05 和 0.01 显著性水平

## （二）比较两种抽样方法构建的甜椒核心种质

根据性状的基因型值，采用马氏距离、非加权类平均法和 25%

的抽样比率，分别基于两种取样方法（随机取样和偏离度取样）构建核心种质。结果表明，利用随机取样和偏离度取样法构建的核心种质的均值与原群体没有显著差异。利用偏离度取样法构建的核心种质，所有 8 个性状的方差均大于随机取样法和原群体，其中 5 个性状（株幅、果纵径、果横径、果肉厚、单果重）的方差与原群体差异达极显著水平，2 个性状（株高、首花节位）的方差与原群体差异达显著水平。采用随机取样法构建的核心种质仅首花节位的方差与原群体差异达显著水平，其余性状的方差与原群体无显著性差异。采用偏离度取样法构建的核心种质 5 个性状的极差与原群体一致，采用随机取样法构建的核心种质 3 个性状的极差与原群体一致。偏离度取样法和随机取样法构建的核心种质所有 8 个性状的变异系数均高于原群体，采用偏离度取样法构建的核心种质，7 个性状的变异系数高于随机取样法，仅果柄长变异系数略低于随机取样法（表 5-3）。综合以上分析结果表明，采用偏离度取样法构建的甜椒核心种质具有相对较大的遗传变异，优于随机取样法。

表 5-3　两种抽样方法构建的甜椒核心种质与原群体间遗传变异比较

| 性状 | 取样方法 | 群体 | 均值 | 方差 | 极差 | 变异系数 |
|---|---|---|---|---|---|---|
| | | total | 57.76 | 124.95 | 68.70 | 0.194 |
| 株高（cm） | 随机取样 Random | core | 59.23 | 133.41 | 68.70 | 0.195 |
| | 偏离度取样 Deviation | core | 59.58 | 161.92 * | 61.50 | 0.214 |
| | | total | 45.03 | 61.32 | 57.90 | 0.174 |
| 株幅（cm） | 随机取样 Random | core | 45.28 | 74.56 | 54.00 | 0.191 |
| | 偏离度取样 Deviation | core | 45.45 | 93.51 ** | 57.90 | 0.213 |
| | | total | 8.30 | 2.87 | 9.00 | 0.204 |
| 首花节位（节） | 随机取样 Random | core | 8.27 | 3.73 * | 9.00 | 0.233 |
| | 偏离度取样 Deviation | core | 8.30 | 3.80 * | 9.00 | 0.235 |
| | | total | 9.94 | 6.94 | 15.50 | 0.265 |
| 果纵径（cm） | 随机取样 Random | core | 10.18 | 8.84 | 15.30 | 0.292 |
| | 偏离度取样 Deviation | core | 10.49 | 10.91 ** | 15.30 | 0.315 |

（续表）

| 性状 | 取样方法 | 群体 | 均值 | 方差 | 极差 | 变异系数 |
|---|---|---|---|---|---|---|
| | | total | 8.04 | 1.79 | 10.80 | 0.167 |
| 果横径（cm） | 随机取样 Random | core | 8.08 | 1.90 | 8.00 | 0.171 |
| | 偏离度取样 Deviation | core | 8.06 | 2.81 ** | 10.80 | 0.208 |
| | | total | 4.21 | 1.04 | 5.90 | 0.242 |
| 果柄长（cm） | 随机取样 Random | core | 4.11 | 1.19 | 5.70 | 0.266 |
| | 偏离度取样 Deviation | core | 4.42 | 1.32 | 5.00 | 0.260 |
| | | total | 0.62 | 0.02 | 0.93 | 0.241 |
| 果肉厚（cm） | 随机取样 Random | core | 0.63 | 0.03 | 0.88 | 0.265 |
| | 偏离度取样 Deviation | core | 0.65 | 0.04 ** | 0.93 | 0.290 |
| | | total | 177.75 | 3 701.19 | 345.70 | 0.342 |
| 单果重（g） | 随机取样 Random | core | 182.40 | 4 314.34 | 345.70 | 0.360 |
| | 偏离度取样 Deviation | core | 188.19 | 6 201.39 ** | 345.70 | 0.418 |

注：* 和 ** 分别代表核心种质与原群体的方差差异达到 0.05 和 0.01 显著性水平

## （三）甜椒核心种质构建

采用马氏距离、最短距离法聚类、偏离度取样法和 25% 的抽样比率，构建甜椒核心种质。核心种质的均值与原群体没有显著差异。所有 8 个性状的方差均极显著大于原群体。核心种质的 6 个性状保存了原群体的极差，2 个性状的极差略低于原群体。核心种质所有 10 个性状的变异系数均高于原群体（表 5-4）。综合以上分析结果，获取的 102 份甜椒核心资源能够代表原群体的遗传多样性。甜椒核心种质编号为：SP10、SP16、SP17、SP26、SP30、SP31、SP32、SP36、SP37、SP40、SP50、SP55、SP56、SP62、SP68、SP74、SP75、SP76、SP79、SP81、SP87、SP92、SP93、SP100、SP104、SP106、SP107、SP108、SP114、SP118、SP119、SP121、SP123、SP131、SP142、SP143、SP145、SP152、SP155、SP158、SP160、SP165、SP177、SP178、SP180、SP182、SP196、SP205、SP206、SP208、SP214、SP219、SP225、SP237、SP241、SP242、SP243、SP257、

SP259、SP261、SP262、SP263、SP265、SP266、SP270、SP275、
SP276、SP279、SP285、SP301、SP312、SP314、SP315、SP318、
SP319、SP322、SP324、SP327、SP329、SP332、SP333、SP336、
SP339、SP341、SP346、SP354、SP355、SP359、SP361、SP364、
SP365、SP368、SP373、SP376、SP381、SP382、SP383、SP386、
SP391、SP393、SP399、SP404。

表5-4 甜椒核心种质与原群体间遗传变异比较

| 性状 | 群体 | 均值 | 方差 | 极差 | 变异系数 |
|---|---|---|---|---|---|
| 株高（cm） | total | 57.76 | 124.95 | 68.70 | 0.194 |
| | core | 60.72 | 195.02 ** | 67.90 | 0.230 |
| 株幅（cm） | total | 45.03 | 61.32 | 57.90 | 0.174 |
| | core | 45.06 | 102.84 ** | 57.90 | 0.225 |
| 首花节位（节） | total | 8.30 | 2.87 | 9.00 | 0.204 |
| | core | 8.26 | 4.18 ** | 9.00 | 0.247 |
| 果纵径（cm） | total | 9.94 | 6.94 | 15.50 | 0.265 |
| | core | 10.67 | 12.66 ** | 15.30 | 0.333 |
| 果横径（cm） | total | 8.04 | 1.79 | 10.80 | 0.167 |
| | core | 8.00 | 3.55 ** | 10.80 | 0.236 |
| 果柄长（cm） | total | 4.21 | 1.04 | 5.90 | 0.242 |
| | core | 4.24 | 1.69 ** | 5.90 | 0.306 |
| 果肉厚（cm） | total | 0.62 | 0.02 | 0.93 | 0.241 |
| | core | 0.64 | 0.04 ** | 0.93 | 0.303 |
| 单果重（g） | total | 177.75 | 3 701.19 | 345.70 | 0.342 |
| | core | 179.09 | 6 265.09 ** | 345.70 | 0.442 |

注：* 和 ** 分别代表核心种质与原群体的方差差异达到 0.05 和 0.01 显著性水平

# 三、结论与讨论

种质资源对高产、优质、抗逆新品种的选育具有重要意义（王志强等，2014；刘守伟等，2014）。核心种质的构建可以大大提高种

质资源的利用效率和种质库的管理水平。核心种质由种质库中的一部分材料所组成，以最少数量的遗传资源包含最大限度的遗传多样性（Brown，1989），同时又能反映整个种质资源群体的遗传结构，是评价和利用种质资源的切入点。核心库中入选的遗传材料互相之间都存在着生态上或遗传上的距离，覆盖了整个种质库内的遗传变异（IB-PGR，1991）。农艺性状多数为数量性状，与环境存在互作，基于农艺性状进行遗传分类不能准确度量基因型间的遗传差异。所进行的遗传分类不能真实地反映种质资源固有的遗传结构（Tanksley et al.，1997）。采用合理的统计模型及统计分析方法进行基因型值预测，可以有效排除试验误差、环境效应、基因型与环境的互作效应。本研究采用混合线性模型无偏预测性状的基因型值，利用基因型值进行聚类分析，结果更具可靠性。

聚类分析作为一种重要的多变量分析工具，常应用于种质资源的遗传多样性分析。为确保构建的核心库尽可能多地保存原有种质资源的遗传变异，首先要对原种质群体进行遗传分类，明确不同材料之间的遗传关系。本研究比较了最短距离和类平均两种聚类方法构建的甜椒核心种质的优劣。研究结果表明，采用最短距离法进行聚类分析构建的甜椒核心种质，所有性状的方差和变异系数均大于类平均法，种质间具有相对较大的遗传变异，优于类平均法。

完成种质群体遗传分类后，需要根据分类结果采用一定的抽样比率和抽样策略对各类群进行抽样，抽样策略直接关系到核心库的优劣。胡晋等及徐海明等分别提出了多次聚类随机取样和偏离度取样的方法。本文以甜椒种质资源为研究对象，比较了随机取样和偏离度取样策略所构建核心种质的优劣。偏离度取样法构建的核心种质的方差均大于随机取样法，7 个性状的变异系数高于随机取样法，核心种质能大部分保存原群体的极差，优于随机取样法。

核心种质是否有效地保存了原有种质群体的遗传变异，可以利用各性状的均值、方差、极差、变异系数等参数进行评价。核心种质各性状的均值与极差应与原群体无显著性差异，方差和变异系数应大于原群体。本研究采用马氏距离、最短距离法聚类、偏离度取样法和25%的抽样比率构建的甜椒核心种质，均值与原群体没有显著差异；所有 8 个性状的方差均极显著大于原群体；除了株高和果纵径 2 个性状的极差略低于原群体，其余 6 个性状保存了原群体的变异幅度；核心种质所有 10 个性状的变异系数均高于原群体。综合以上分析结果，获取的 102 份甜椒核心资源能够代表原群体的遗传多样性，保持了原群体的遗传变异。

# 第六章　甜椒核心种质遗传多样分析

　　甜椒（*Capsicum annuum* L. var. *grossum* Sendt.，$2n=2x=24$）原产于中南美洲，在植物学分类上属于茄科（Solanaceae）辣椒属（*Capsicum*）（Kim et al.，2014）。辣椒属包括 5 个栽培种（孟金贵等，2012），甜椒属于一年生辣椒栽培种（*Capsicum annum*）。甜椒果实不辣而略带甜味，大量研究表明甜椒果实中含有丰富的维生素 A（Mejia et al.，1998）、维生素 C（Vanderslice et al.，1990）、类胡萝卜素（Ha et al.，2007）及矿物质可以保护生物有机体免受氧化伤害（Sun et al.，2007；Marín et al.，2004）、提高机体免疫力和预防坏血病。甜椒以果实特有的色泽和营养成分成为一种世界性的蔬菜作物。

　　作物种质资源为栽培种遗传改良、新品种选育及遗传学研究提供丰富的遗传变异和基因资源（朱岩芳等，2010）。加速新品种的选育和推广利用是科技兴农的关键，种质资源是实现各个育种途径的原始材料，对于原始材料的选择依赖于所掌握种质资源的广度及对其研究的深度（谭亮萍等，2008）。亲缘关系分析是植物种质资源研究的主要内容之一。开展作物种质资源亲缘关系研究，有助于了解材料的遗传背景，为种质资源的创新利用与新品种选育提供重要信息（王振东等，2010）。以往辣椒种质资源亲缘关系分析多集中在有辣味的辣椒材料（李永平等，2011；李晴等，2010；何建文等，2009；陈学军等，2012；陈学军等，2007），有关甜椒核心种质亲缘关系的研究鲜有报道。

　　作物种质的遗传多样性是其适应环境变化的表现，表型性状的遗传多样性研究为从整体上评价和利用种质资源奠定基础。但由于种质资源的形态特征是基因型、环境以及基因型与环境互作的综合表现

（张嘉楠等，2010），仅根据农艺性状表型值难以鉴定其遗传背景的异同。为了排除环境条件、基因型与环境互作的影响，准确度量不同遗传材料间的遗传差异，本研究采用混合线性模型无偏预测性状的基因型值，基于基因型值进行性状间的相关性分析和材料间的亲缘关系分析，以期为甜椒种质资源的收集及遗传育种提供参考。

# 一、材料与方法

## （一）试验材料和基因型值预测

将 102 份甜椒核心种质按随机区组设计种植于中国热带农业科学院热带作物品种资源研究所 10 块试验基地，3 次重复，参考《辣椒种质资源描述规范与数据标准》调查株高、株幅、首花节位、果纵径、果横径、果柄长、果肉厚、单果重。采用朱军提出的混合线性模型无偏预测性状的基因型值（朱军，1993）。

## （二）遗传多样性和相关性分析

采用 SAS 9.0 软件分析 8 个性状的最小值、最大值、平均值、极差、变异系数、方差和遗传多样性指数 $H'$，基于性状的基因型值计算各性状之间的相关性系数。

## （三）聚类分析

采用 SPSS 9.0 软件基于 8 个性状的基因型值对 102 份甜椒核心种质进行聚类分析，构建聚类图。样本间的遗传距离采用欧氏距离法进行计算，欧氏距离计算公式为 $EUCLID = \sqrt{\sum_{i=1}^{k} (x_i - y_i)^2}$，其中，$k$ 表示样本有 $k$ 个变量，$x_i$ 表示第一个样本在第 $i$ 个变量上的取值，$y_i$ 标示第二个样本在第 $i$ 个变量上的取值，样本与小类之间的遗传距离采用最短距离法进行计算（裴鑫德，1991）。

# 二、结果与分析

## （一）甜椒农艺性状的遗传多样性分析

株幅、果纵径和单果重的极差分别为 57.90、15.30 和 345.70，尤其是单果重的极差，几乎是均值的 2 倍，远远大于其平均值，这说明甜椒核心种质的株幅、果纵径和单果重表型值更为分散。单果重的变异系数最大，为 0.44，果纵径的变异系数次之，为 0.33，进一步说明了甜椒核心种质的单果重和果纵径表型值的离散程度较高，各种质之间的遗传差异较大。8 个农艺性状的多样性指数分别为 4.60、4.60、4.59、4.57、4.60、4.58、4.58 和 4.53，均超过了 4.5，该结果表明甜椒核心种质存在丰富的遗传多样性（表6-1）。

**表 6-1　甜椒核心种质农艺性状遗传变异**

| 性状 | 最小值 | 最大值 | 平均值 | 极差 | 方差 | 变异系数 | 多样性指数 |
|---|---|---|---|---|---|---|---|
| 株高 | 32.00 | 99.90 | 60.72 | 67.90 | 195.02 | 0.23 | 4.60 |
| 株幅 | 14.10 | 72.00 | 45.06 | 57.90 | 102.84 | 0.23 | 4.60 |
| 首花节位 | 4 | 13 | 8 | 9 | 4.18 | 0.26 | 4.59 |
| 果纵径 | 4.60 | 19.90 | 10.67 | 15.30 | 12.66 | 0.33 | 4.57 |
| 果横径 | 3.40 | 14.20 | 8.00 | 10.80 | 3.55 | 0.24 | 4.60 |
| 果柄长 | 1.20 | 7.10 | 4.24 | 5.90 | 1.69 | 0.31 | 4.58 |
| 果肉厚 | 0.22 | 1.15 | 0.64 | 0.93 | 0.04 | 0.30 | 4.58 |
| 单果重 | 40.40 | 386.10 | 179.09 | 345.70 | 6 265.0 | 0.44 | 4.53 |

## （二）甜椒农艺性状的相关性分析

性状的相关性可以通过对一种性状的选择间接达到选择另一种性状的效果，从而可以提高选择效率，加速育种进程。利用复合线性模型预测 102 份甜椒核心种质 8 个农艺性状的基因型效应值。基于基因型值进行性状间的相关性分析，结果表明，首花节位与株高呈极显著正相关，相关系数为 0.38；果纵径与株高呈极显著正相关，与首花节位呈显著相关，相关系数分别为 0.37 和 0.23；果柄长与株高呈显著相关，相关系数为 0.20；果肉厚与果纵径、果横径呈极显著正相关，相关系数分别为 0.28 和 0.30；单果重与果纵径、果横径、果肉厚呈极显著正相关，与首花节位呈显著正相关，相关系数分别为 0.37、0.67、0.53 和 0.20（表6-2）。在甜椒新品种选育过程中，筛选具有较大果纵径、果横径和果肉厚的育种材料可以有效提高单果重量，筛选株高较低的育种材料有利于培育早熟品种。

表 6-2　基于基因型值的甜椒农艺性状的相关性分析

| 性状 | 1 | 2 | 3 | 4 | 5 | 6 | 7 | 8 |
|---|---|---|---|---|---|---|---|---|
| 株高 | 1 | | | | | | | |
| 株幅 | 0.19 | 1 | | | | | | |
| 首花节位 | 0.38 ** | -0.02 | 1 | | | | | |
| 果纵径 | 0.37 ** | -0.02 | 0.23 * | 1 | | | | |
| 果横径 | 0.01 | -0.04 | 0.12 | -0.11 | 1 | | | |
| 果柄长 | 0.20 * | -0.14 | 0.09 | 0.18 | -0.01 | 1 | | |
| 果肉厚 | 0.03 | -0.13 | 0.12 | 0.28 ** | 0.30 ** | 0.10 | 1 | |
| 单果重 | -0.08 | -0.06 | 0.20 * | 0.37 ** | 0.67 ** | 0.09 | 0.53 ** | 1 |

## （三）甜椒核心种质聚类分析

利用欧氏距离法基于 8 个农艺性状的基因型效应值计算甜椒核心材料间的遗传距离，在供试的 102 份核心材料中，不同种质间遗传距离变幅为 1.51~10.41，表明这些核心材料间遗传差异较大。其中，SP165 和 SP106、SP106 和 SP76、SP225 和 SP177、SP214 和 SP206、SP196 和 SP214、SP165 和 SP219、SP106 和 SP257、SP219 和 SP160、

SP131 和 SP177、SP206 和 SP68、SP165 和 SP76、SP106 和 SP79、SP76 和 SP257、SP219 和 SP106、SP225 和 SP131 间遗传距离较小，遗传距离分别为 1.51、1.58、1.60、1.62、1.69、1.76、1.78、1.79、1.81、1.83、1.84、1.85、1.85、1.91 和 1.95，表明这些材料间亲缘关系相对较近。另外，SP276 和 SP158、SP381 和 SP40、SP55 和 SP383、SP208 和 SP155、SP62 和 SP319、SP107 和 SP219、SP107 和 SP178、SP152 和 SP178、SP92 和 SP155、SP55 和 SP155、SP241 和 SP107、SP160 和 SP107、SP107 和 SP381、SP383 和 SP208、SP107 和 SP62、SP107 和 SP158、SP276 和 SP155、SP208 和 SP382、SP62 和 SP276、SP155 和 SP152、SP382 和 SP152、SP382 和 SP107、SP152 和 SP383、SP383 和 SP107、SP155 和 SP107 间遗传距离较大，均超过了 8.50，遗传距离分别为 8.56、8.56、8.56、8.57、8.58、8.62、8.63、8.67、8.71、8.72、8.78、8.79、8.97、9.05、9.10、9.11、9.23、9.28、9.40、9.78、9.83、10.01、10.03、10.28 和 10.41，表明这些材料间亲缘关系较远。

在聚类重新标定距离为 16.5 时，102 份甜椒核心种质被分为 27 个类群，第 1 个类群包括 2 份种质，分别为 SP10 和 SP30，表明这 2 份种质亲缘关系相对较近；第 2 类群包括 57 份种质；第 3 类群包括 1 份种质，为 SP31；第 4 类群包括 3 份种质，分别为 SP36、SP50 和 SP40，表明这 3 份种质亲缘关系相对较近；第 5 类群包括 1 份种质，为 SP37；第 6 类群包括 1 份种质，为 SP55；第 7 类群包括 14 份种质，分别为 SP361、SP365、SP315、SP399、SP355、SP261、SP346、SP259、SP301、SP93、SP142、SP92、SP391 和 SP266；第 8 类群包括 1 份种质，为 SP104；第 9 类群包括 1 份种质，为 SP107；第 10 类群包括 2 份种质，分别为 SP108 和 SP152，表明这 2 份种质亲缘关系相对较近；第 11 类群包括 1 份种质，为 SP143；第 12 类群包括 1 份种质，为 SP155；第 13 类群包括 1 份种质，为 SP158；第 14 类群包括 1 份种质，为 SP208；第 15 类群包括 1 份种质，为 SP237；第 16 类群包括 1 份种质，为 SP270；第 17 类群包括 1 份种质，为 SP275；

第 18 类群包括 1 份种质，为 SP276；第 19 类群包括 2 份种质，分别为 SP279 和 SP368；第 20 类群包括 2 份种质，分别为 SP285 和 SP359；第 21 类群包括 1 份种质，为 SP314；第 22 类群包括 1 份种质，为 SP318；第 23 类群包括 1 份种质，为 SP354；第 24 类群包括 1 份种质，为 SP381；第 25 类群包括 1 份种质，为 SP382；第 26 类群包括 1 份种质，为 SP383；第 27 类群包括 1 份种质，为 SP393。从聚类结果可以看出，甜椒核心种质间遗传差异显著，存在丰富的遗传多样性，第 3、5、6、8、9、11、12、13、14、15、16、17、18、21、22、23、24、25、26 和 27 类群分别由 1 份种质材料组成，表明这 20 份种质与其余种质亲缘关系较远（图 6-1）。

# 三、结论与讨论

作物种质资源的收集与保存对新品种选育、优异基因发掘以及种质创新具有重要意义（李长涛等，2004）。世界各国相继建立了不同作物的种质资源库。随着种质资源的不断收集，种质库变得越来越大，极大地提高了种质资源的管理费用，增加了特异种质筛选发掘的难度（徐海明等，2004）。在前期的工作中，本研究室从 410 份甜椒种质中抽取 102 份材料构建了甜椒核心种质库。对作物种质资源进行遗传多样性研究，可为育种工作提供重要的信息。本研究分析了 102 份甜椒核心种质 8 个农艺性状的遗传多样性，8 个农艺性状的多样性指数均超过了 4.5，该结果表明甜椒核心种质存在丰富的遗传多样性。

作物的农艺性状间往往存在错综复杂的相互关系。相关性分析能对不同数量性状两组变量间进行相关性研究，通过对一种性状的选择达到改良另一种性状的效果，这对于不容易鉴定的数量性状显得尤为重要，为开展多个数量性状综合选择提供依据（王瑞清等，2004）。本研究基于 102 份甜椒核心种质 8 个农艺性状的基因型值进行性状间的相关性分析，结果表明，首花节位与株高呈极显著正相关；果纵径

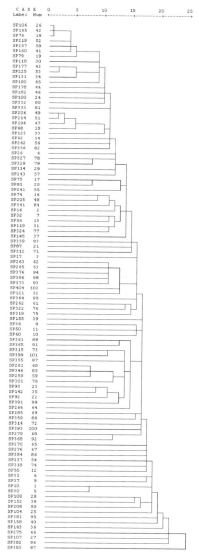

**图6-1 甜椒核心种质聚类分析**

与株高呈极显著正相关，与首花节位呈显著相关；果柄长与株高呈显著相关；果肉厚与果纵径、果横径呈极显著正相关；单果重与果纵径、果横径、果肉厚呈极显著正相关，与首花节位呈显著正相关。

种质资源的性状特征受基因型、环境以及基因型与环境互作的影响（苗锦山等，2010），单纯依靠农艺性状数据进行亲缘关系分析存在一定误差。如何准确地评价不同材料在遗传上的差异则是合理分析种质亲缘关系的前提。本研究采用混合线性模型无偏预测法预测性状的基因型值，基于性状的基因型值进行甜椒核心种质亲缘关系分析，排除了环境、基因型与环境互作及农业试验中不可控制的一些误差影响，分析结果更具可靠性。在聚类重新标定距离为 16.5 时，102 份甜椒核心种质被分为 27 个类群，其中 20 个类群分别由 1 份种质材料组成，从聚类结果可以看出，甜椒核心种质间遗传差异显著，存在丰富的遗传多样性。本研究明确了不同甜椒核心材料间的亲缘关系，为甜椒种质资源的有效利用和新品种选育奠定了坚实的基础。

# 第七章　线椒和牛角椒核心种质比较构建研究

近年来，核心种质研究蓬勃发展，先后对菜豆（Blair et al.，2009）、玉米（Coimbra et al.，2009）、花生（Wang et al.，2011）、杏（Krichen et al.，2012）、大豆（Kaga et al.，2012）、木薯（Oliveira et al.，2014）等多种作物构建了核心种质库。辣椒许多植物学性状属于数量性状，易受环境条件的影响，单纯依靠性状的表型值评估种质间的遗传差异具有一定误差。准确度量不同材料间的遗传相似程度以及高效的抽样方法是构建核心种质的关键所在。本研究将采用混合线性模型预测性状的基因型效应值，比较不同聚类和抽样方法构建核心种质的效果，有效构建线椒和牛角椒核心种质，以期为辣椒种质资源的高效利用和优良新品种选育提供理论依据。

# 一、材料与方法

## （一）材料和性状基因型值预测

试验在中国热带农业科学院热带作物品种资源研究所八队试验基地进行，将420份辣椒种质资源（主要为牛角椒、羊角椒和线椒）按田间行列编号顺序种植，以一定间隔穿插对照，用对照控制田间不同位置的差异，连续进行3年试验，参考《辣椒种质资源描述规范与数据标准》调查株高（$A$，cm）、株幅（$B$，cm）、叶片长（$C$，cm）、叶片宽（$D$，cm）、叶柄长（$E$，cm）、首花节位（$F$）、果纵径（$G$，cm）、果横径（$H$，cm）、果柄长（$I$，cm）、果肉厚（$J$， cm）、单果重（$K$，g）等 11 个性状的表型值。表型值可分解为基因型效应、基因型与环境互作效应、环境效应、环境内的行效应、环境内的列效应以及随机误差等分量（Hu et al.，2000），采用朱军提出的混合线性模型，基于调整无偏预测法无偏预测性状的基因型效应值（朱军，1993）。

## （二）遗传距离计算与聚类分析

采用马氏距离基于性状基因型效应值计算不同辣椒种质间的遗传距离（Mahalanobis，1936）。基于种质间的遗传距离分别利用中间距离法、离差平方和法和类平均法进行聚类分析（裴鑫德，1991）。

## （三）抽样与核心种质遗传变异评价

采用随机抽样（胡晋等，2000）、优先抽样（胡晋等，2001）、偏离度抽样（徐海明等，2000）基于 25% 的抽样比率构建核心种质库。采用均值、方差、极差和变异系数 4 个指标来评价核心资源库的优劣，通过 F 测验进行方差的差异性分析，通过 t 测验进行均值的差异性分析。

# 二、结果与分析

## （一）比较 3 种聚类方法构建辣椒核心种质的效果

采用马氏距离、偏离度抽样法和 25% 的抽样比率，分别基于 3 种不同的系统聚类方法（中间距离法、类平均法和离差平方和法）构建辣椒核心种质。利用中间距离法、离差平方和法和类平均法构建的核心种质的均值与原群体没有显著差异，利用类平均法构建的核心种质，所有 11 个性状的方差显著地高于原群体的方差，其中 9 个性状达极显著水平，并且 9 个性状的方差高于中间距离法和离差平方和法。利用离差平方和构建的核心种质 6 个性状的方差高于中间距离法。采用类平均法和离差平方和法构建的核心种质，极差基本与原群体一致，仅叶片长和果柄长稍低于原群体。中间距离法 7 个性状保存了原群体的极差，叶柄长性状的极差远远小于原群体。3 种聚类方法构建的核心种质所有 11 个性状的变异系数均高于原群体，采用类平均法构建的核心种质 7 个性状的变异系数高于中间距离法，6 个性状的变异系数高于离差平方和法。因此，采用类平均法能使核心种质的方差最大化，变异系数也得到最大的提高，其次为离差平方和法、中间距离法（表 7-1）。

表 7-1　3 种聚类方法构建的辣椒核心种质与原群体间遗传变异比较

| 性状 | 聚类方法 | 群体 | 均值 | 方差 | 极差 | 变异系数 |
|---|---|---|---|---|---|---|
| A | | total | 56. 27 | 135. 84 | 64 | 0. 21 |
| | 中间距离法 Median | core | 55. 98 | 200. 67 ** | 64 | 0. 25 |
| | 类平均法 UPGMA | core | 56. 60 | 197. 81 ** | 64 | 0. 25 |
| | 离差平方和法 Ward's | core | 56. 50 | 198. 48 ** | 64 | 0. 25 |
| B | | total | 54. 09 | 113. 10 | 72 | 0. 20 |
| | 中间距离法 Median | core | 52. 60 | 159. 94 ** | 72 | 0. 24 |
| | 类平均法 UPGMA | core | 52. 66 | 158. 33 * | 72 | 0. 24 |
| | 离差平方和法 Ward's | core | 52. 83 | 161. 91 ** | 72 | 0. 24 |
| C | | total | 11. 48 | 5. 43 | 14. 5 | 0. 20 |
| | 中间距离法 Median | core | 11. 49 | 9. 02 ** | 14. 4 | 0. 26 |
| | 类平均法 UPGMA | core | 11. 72 | 9. 33 ** | 14. 4 | 0. 26 |
| | 离差平方和法 Ward's | core | 11. 44 | 8. 16 ** | 14. 4 | 0. 25 |
| D | | total | 5. 34 | 1. 82 | 13. 1 | 0. 25 |
| | 中间距离法 Median | core | 5. 40 | 3. 56 ** | 13. 1 | 0. 35 |
| | 类平均法 UPGMA | core | 5. 59 | 3. 71 ** | 13. 1 | 0. 34 |
| | 离差平方和法 Ward's | core | 5. 48 | 3. 52 ** | 13. 1 | 0. 34 |
| E | | total | 6. 14 | 3. 51 | 12 | 0. 31 |
| | 中间距离法 Median | core | 6. 26 | 5. 44 ** | 9. 5 | 0. 37 |
| | 类平均法 UPGMA | core | 6. 39 | 5. 88 ** | 12 | 0. 38 |
| | 离差平方和法 Ward's | core | 6. 23 | 5. 86 ** | 12 | 0. 39 |

（续表）

| 性状 | 聚类方法 | 群体 | 均值 | 方差 | 极差 | 变异系数 |
|---|---|---|---|---|---|---|
| | | total | 9.45 | 8.35 | 17 | 0.31 |
| F | 中间距离法 Median | core | 9.44 | 10.50 | 16 | 0.34 |
| | 类平均法 UPGMA | core | 9.67 | 11.17* | 16 | 0.35 |
| | 离差平方和法 Ward's | core | 9.44 | 11.02* | 17 | 0.35 |
| | | total | 13.33 | 29.83 | 30.7 | 0.41 |
| G | 中间距离法 Median | core | 13.78 | 41.46* | 30.7 | 0.47 |
| | 类平均法 UPGMA | core | 13.48 | 44.47** | 30.7 | 0.49 |
| | 离差平方和法 Ward's | core | 13.78 | 42.12** | 30.7 | 0.47 |
| | | total | 2.88 | 1.95 | 11.3 | 0.48 |
| H | 中间距离法 Median | core | 2.96 | 2.93** | 11.3 | 0.58 |
| | 类平均法 UPGMA | core | 2.93 | 3.12** | 11.3 | 0.60 |
| | 离差平方和法 Ward's | core | 2.91 | 2.90** | 11.3 | 0.58 |
| | | total | 4.42 | 1.88 | 8.7 | 0.31 |
| I | 中间距离法 Median | core | 4.47 | 2.47* | 8.6 | 0.35 |
| | 类平均法 UPGMA | core | 4.51 | 3.00** | 8.6 | 0.38 |
| | 离差平方和法 Ward's | core | 4.52 | 2.86** | 8.6 | 0.37 |
| | | total | 0.24 | 0.011 | 0.63 | 0.43 |
| J | 中间距离法 Median | core | 0.25 | 0.015* | 0.63 | 0.49 |
| | 类平均法 UPGMA | core | 0.25 | 0.017** | 0.63 | 0.53 |
| | 离差平方和法 Ward's | core | 0.25 | 0.016** | 0.63 | 0.51 |
| | | total | 29.04 | 710.13 | 180 | 0.92 |
| K | 中间距离法 Median | core | 32.73 | 1 096.36** | 180 | 1.01 |
| | 类平均法 UPGMA | core | 32.94 | 1 166.24** | 180 | 1.04 |
| | 离差平方和法 Ward's | core | 31.79 | 1 008.90** | 180 | 1.00 |

## （二）比较3种抽样方法构建辣椒核心种质的效果

采用马氏距离、非加权类平均法和25%的抽样比率，分别基于3种抽样方法（随机抽样、优先抽样和偏离度抽样）构建核心种质。

结果表明，利用随机抽样法、优先抽样法和偏离度抽样法构建的核心种质的均值与原群体没有显著差异。3 种抽样方法构建的核心种质 11 个性状的方差均不小于原群体。利用偏离度抽样法构建的核心种质，10 个性状的方差大于随机抽样法和优先抽样法，其中 9 个性状的方差与原群体差异达极显著水平，2 个性状的方差与原群体差异达显著水平。利用优先抽样法构建的核心种质，8 个性状的方差高于随机抽样法。采用优先取样法构建的核心种质保存了原群体的变异幅度，偏离度抽样法也基本上保存了原群体的变异幅度，仅叶片长、首花节位和果柄长 3 个性状的极差稍小于原群体，随机抽样法构建的核心种质，果纵径、果横径和单果重 3 个性状的极差远远小于原群体。3 种抽样法构建的核心种质 11 个性状的变异系数均高于原群体。采用偏离度抽样法构建的核心种质，10 个性状的变异系数高于优先抽样法，优先抽样法构建的核心种质 7 个性状的变异系数高于随机抽样法（表 7-2）。以上分析表明，采用非加权类平均法进行多次聚类构建核心种质时，偏离度抽样法构建的核心种质具有相对较大的遗传变异，其次为优先抽样法、随机抽样法。

表 7-2　3 种抽样方法构建的辣椒核心种质与原群体间遗传变异比较

| 性状 | 抽样方法 | 群体 | 均值 | 方差 | 极差 | 变异系数 |
|---|---|---|---|---|---|---|
| A | | total | 56. 27 | 135. 84 | 64 | 0. 21 |
| | 随机抽样 Random | core | 56. 39 | 170. 88 | 63 | 0. 23 |
| | 优先抽样 Preferred | core | 54. 82 | 154. 68 | 64 | 0. 23 |
| | 偏离度抽样 Deviation | core | 56. 60 | 197. 81 ** | 64 | 0. 25 |
| B | | total | 54. 09 | 113. 10 | 72 | 0. 20 |
| | 随机抽样 Random | core | 55. 18 | 136. 44 | 72 | 0. 21 |
| | 优先抽样 Preferred | core | 51. 06 | 142. 00 | 72 | 0. 23 |
| | 偏离度抽样 Deviation | core | 52. 66 | 158. 33 * | 72 | 0. 24 |

（续表）

| 性状 | 抽样方法 | 群体 | 均值 | 方差 | 极差 | 变异系数 |
|---|---|---|---|---|---|---|
| | | total | 11.48 | 5.43 | 14.5 | 0.20 |
| | 随机抽样 Random | core | 11.51 | 7.45* | 14.4 | 0.24 |
| C | 优先抽样 Preferred | core | 11.42 | 8.02** | 14.5 | 0.25 |
| | 偏离度抽样 Deviation | core | 11.72 | 9.33** | 14.4 | 0.26 |
| | | total | 5.34 | 1.82 | 13.1 | 0.25 |
| | 随机抽样 Random | core | 5.54 | 3.28** | 13 | 0.33 |
| D | 优先抽样 Preferred | core | 5.56 | 3.45** | 13.1 | 0.33 |
| | 偏离度抽样 Deviation | core | 5.59 | 3.71** | 13.1 | 0.34 |
| | | total | 6.14 | 3.51 | 12 | 0.31 |
| | 随机抽样 Random | core | 6.24 | 4.96** | 12 | 0.36 |
| E | 优先抽样 Preferred | core | 6.30 | 5.11** | 12 | 0.36 |
| | 偏离度抽样 Deviation | core | 6.39 | 5.88** | 12 | 0.38 |
| | | total | 9.45 | 8.35 | 17 | 0.31 |
| | 随机抽样 Random | core | 9.64 | 9.37 | 16 | 0.32 |
| F | 优先抽样 Preferred | core | 9.43 | 10.86* | 17 | 0.35 |
| | 偏离度抽样 Deviation | core | 9.67 | 11.17* | 16 | 0.35 |
| | | total | 13.33 | 29.83 | 30.7 | 0.41 |
| | 随机抽样 Random | core | 13.33 | 32.23 | 23.6 | 0.43 |
| G | 优先抽样 Preferred | core | 13.46 | 36.96 | 30.7 | 0.45 |
| | 偏离度抽样 Deviation | core | 13.48 | 44.47** | 30.7 | 0.49 |
| | | total | 2.88 | 1.95 | 11.3 | 0.48 |
| | 随机抽样 Random | core | 2.90 | 2.20 | 7.9 | 0.51 |
| H | 优先抽样 Preferred | core | 3.14 | 3.18** | 11.3 | 0.57 |
| | 偏离度抽样 Deviation | core | 2.93 | 3.12** | 11.3 | 0.60 |
| | | total | 4.42 | 1.88 | 8.7 | 0.31 |
| | 随机抽样 Random | core | 4.43 | 2.61* | 8.7 | 0.36 |
| I | 优先抽样 Preferred | core | 4.38 | 2.53* | 8.7 | 0.36 |
| | 偏离度抽样 Deviation | core | 4.51 | 3.00** | 8.6 | 0.38 |

（续表）

| 性状 | 抽样方法 | 群体 | 均值 | 方差 | 极差 | 变异系数 |
|------|----------|------|------|------|------|----------|
| J | | total | 0. 24 | 0. 01 | 0. 63 | 0. 43 |
| | 随机抽样 Random | core | 0. 25 | 0. 01 | 0. 62 | 0. 46 |
| | 优先抽样 Preferred | core | 0. 25 | 0. 01 | 0. 63 | 0. 48 |
| | 偏离度抽样 Deviation | core | 0. 25 | 0. 02 ** | 0. 63 | 0. 53 |
| K | | total | 29. 04 | 710. 13 | 180 | 0. 92 |
| | 随机抽样 Random | core | 31. 31 | 898. 41 | 169. 7 | 0. 96 |
| | 优先抽样 Preferred | core | 32. 50 | 1 051. 49 ** | 180 | 1. 00 |
| | 偏离度抽样 Deviation | core | 32. 94 | 1 166. 24 ** | 180 | 1. 04 |

## （三）辣椒核心种质构建

采用马氏距离、非加权类平均法、偏离度抽样法和 25% 的抽样比率，构建辣椒核心种质。核心种质的均值与原群体没有显著差异。11 个性状的方差均大于原群体，其中 9 个性状的方差与原群体差异达极显著水平，2 个性状的方差与原群体差异达显著水平。8 个性状保存了原群体的极差，另外 3 个性状的极差略低于原群体。核心种质所有 11 个性状的变异系数均高于原群体（表 7-3）。获取的 105 份核心资源能够代表原群体的遗传多样性。核心种质编号为：CN6、CN18、CN20、CN28、CN35、CN38、CN44、CN45、CN46、CN47、CN53、CN63、CN66、CN84、CN85、CN89、CN95、CN96、CN97、CN104、CN107、CN109、CN112、CN114、CN115、CN121、CN123、CN125、CN126、CN127、CN129、CN138、CN140、CN142、CN148、CN150、CN152、CN154、CN158、CN162、CN163、CN170、CN171、CN189、CN191、CN194、CN206、CN208、CN213、CN214、CN217、CN218、CN220、CN221、CN223、CN224、CN226、CN227、CN235、CN240、CN245、CN250、CN252、CN256、CN258、CN264、CN268、CN272、CN273、CN291、CN292、CN294、CN297、CN298、CN302、

CN308、CN310、CN316、CN317、CN319、CN321、CN322、CN323、CN325、CN330、CN333、CN337、CN340、CN352、CN359、CN362、CN364、CN367、CN368、CN372、CN376、CN377、CN391、CN392、CN396、CN407、CN408、CN413、CN414、CN419。

表7-3  辣椒核心种质与原群体间遗传变异比较

| 性状 | 群体 | 均值 | 方差 | 极差 | 变异系数 |
|---|---|---|---|---|---|
| A | total | 56.27 | 135.84 | 64 | 0.21 |
| | core | 56.60 | 197.81** | 64 | 0.25 |
| B | total | 54.09 | 113.10 | 72 | 0.20 |
| | core | 52.66 | 158.33* | 72 | 0.24 |
| C | total | 11.48 | 5.43 | 14.5 | 0.20 |
| | core | 11.72 | 9.33** | 14.4 | 0.26 |
| D | total | 5.34 | 1.82 | 13.1 | 0.25 |
| | core | 5.59 | 3.71** | 13.1 | 0.34 |
| E | total | 6.14 | 3.51 | 12 | 0.31 |
| | core | 6.39 | 5.88** | 12 | 0.38 |
| F | total | 9.45 | 8.35 | 17 | 0.31 |
| | core | 9.67 | 11.17* | 16 | 0.35 |
| G | total | 13.33 | 29.83 | 30.7 | 0.41 |
| | core | 13.48 | 44.47** | 30.7 | 0.49 |
| H | total | 2.88 | 1.95 | 11.3 | 0.48 |
| | core | 2.93 | 3.12** | 11.3 | 0.60 |
| I | total | 4.42 | 1.88 | 8.7 | 0.31 |
| | core | 4.51 | 3.00** | 8.6 | 0.38 |
| J | total | 0.24 | 0.011 | 0.63 | 0.43 |
| | core | 0.25 | 0.017** | 0.63 | 0.53 |
| K | total | 29.04 | 710.13 | 180 | 0.92 |
| | core | 32.94 | 1 166.24** | 180 | 1.04 |

# 三、结论与讨论

作物种质资源内蕴含着极其丰富的遗传变异，是农业生产和育种工作的物质基础（朱岩芳等，2010）。核心种质是种质资源的核心子集，以最少数量的资源最大限度地保存原群体的遗传多样性。核心种质的构建可以有效提高整个种质库的管理和利用水平。由于数量性状表型值不仅受基因型控制，还受环境条件的影响，单纯依靠表型值度量不同材料间的遗传差异存在一定误差。为了排除环境条件、基因型与环境互作对性状表型的影响，准确度量材料间的遗传差异，本研究采用混合线性模型无偏预测性状表型的基因型值，基于基因型值计算种质材料间的遗传距离更具可靠性。

为确保核心种质库能够保存原群体的遗传结构，首先要对原群体进行遗传分类。聚类分析是一种重要的遗传分类工具（Peeters et al., 1989）。本研究比较了中间距离法、离差平方和法和类平均法3种聚类方法构建的辣椒核心种质的优劣。分析结果表明，采用类平均法进行聚类分析构建的辣椒核心种质能极显著地增加性状的方差和变异系数，能使核心种质的方差和变异系数最大化，优于中间距离法和离差平方和法，是构建核心种质较好的系统聚类方法。

抽样是构建核心种质的另一个重要环节，不同的抽样方法直接影响核心种质库的优劣。优先抽样法首先找出各性状的最大值和最小值优先保留，其余核心材料通过多次聚类随机取样。偏离度抽样法是先将所有基因型进行系统聚类，分别计算类群内的各基因型相对于群体的标准偏离度，根据偏离度从大到小选取核心材料。本研究比较了随机抽样法、优先抽样法和偏离度抽样法构建的辣椒核心种质的优劣。通过比较方差和变异系数发现，偏离度抽样法构建的核心种质的方差和变异系数均大于随机抽样法和优先抽样法。

核心种质应能代表原群体的遗传多样性。Diwan等（1995）认为，若满足以下条件：70%以上的性状的均值及极差与原群体的均值与极差无显著性差异；核心库与原群体的变异幅度之比高于 70%，则可认为此核心库代表了原群体的遗传变异。本研究采用马氏距离、非加权类平均法和偏离度抽样法构建的辣椒核心种质，均值与原群体没有显著差异，11 个性状的方差均大于原群体，核心库 11 个性状的极差与原群体的极差之比均高于 90%，11 个性状的变异系数均高于原群体。以上分析结果表明，获取的 105 份核心资源能够代表原群体的遗传多样性。

# 第八章　辣椒主要植物学性状遗传
# 多样性及相关性分析

　　辣椒种质资源是辣椒新品种选育、遗传理论研究、生物学研究和农业生产的重要物质基础。对辣椒种质资源植物学性状进行遗传多样性研究，有助于了解种质的遗传背景，为种质资源的开发与利用提供重要信息。在辣椒新品种选育和遗传改良的过程中，常涉及多个植物学性状，植物学性状之间往往存在错综复杂的相互关系，分析性状间的相关性，对于提高育种效率、指导遗传改良具有重要的意义。近年来，有关辣椒农艺性状相关性研究具有一些报道（李晴等，2010；乔迺妮等，2013；曲晓斌等，2007），但这些报道多基于性状的表型值进行相关性分析，由于性状的表型值是基因型、环境条件、基因型与环境互作共同作用的结果，另外许多植物学性状属于数量性状，易受环境条件的影响，依靠表型值分析性状间相关性具有一定误差。本研究通过对398份辣椒种质资源17个植物学性状进行数据采集，利用复合线性模型预测性状的基因型值，进行辣椒植物学性状遗传多样性和相关性分析，旨在明确辣椒资源的组成结构及揭示各性状间的相关程度，以期为辣椒种质资源的合理利用、引种和育种提供参考。

## 一、材料与方法

### （一）试验材料

　　将398份辣椒种质（主要为牛角椒、羊角椒和线椒）随机种植于中国热带农业科学院热带作物品种资源研究所8队试验基地，3次

重复，参考《辣椒种质资源描述规范与数据标准》调查下胚轴颜色
（A）、株型（B）、叶缘（C）、果面特征（D）、果形（E）、果实横
切面形状（F）、株高（G）、株幅（H）、叶片长（I）、叶片宽（J）、
叶柄长（K）、始花节位（L）、果纵径（M）、果横径（N）、果柄长
（O）、果肉厚（P）、单果重（Q）共 17 个植物学性状。

## （二）植物学性状遗传多样性分析

辣椒资源植物学性状分为质量性状和数量性状两类，其中质量性
状的描述和分组见表 8-1，统计各组的分布频率，计算遗传多样性指
数。采用 SAS 9.0 软件统计数量性状的最小值、最大值、平均值、变
异幅度、标准差、变异系数。遗传多样性指数 $H' = -\sum P_i \ln P_i$，其中
$P_i$ 为某一性状第 $i$ 级内材料份数占总份数的百分比，ln 为自然对数
（赵香娜等，2008）。

表 8-1　辣椒资源质量性状的描述分组

| 性状 | 分组 | | | | | | | | | | | | |
|---|---|---|---|---|---|---|---|---|---|---|---|---|---|
| | 1 | 2 | 3 | 4 | 5 | 6 | 7 | 8 | 9 | 10 | 11 | 12 | 13 |
| A | 绿 | 绿带紫 | 紫 | | | | | | | | | | |
| B | 开展 | 半直立 | 直立 | | | | | | | | | | |
| C | 全缘 | 波状 | 锯齿 | | | | | | | | | | |
| D | 光滑 | 微皱 | 皱 | | | | | | | | | | |
| E | 扁灯笼形 | 方灯笼形 | 长灯笼形 | 短锥形 | 长锥形 | 短牛角形 | 长牛角形 | 短羊角形 | 长羊角形 | 短指形 | 长指形 | 线形 | 圆球形 |
| F | 近圆形 | 近三角形 | 近四边形 | 不规则形 | | | | | | | | | |

## （三）性状间的相关性分析

采用朱军提出的混合线性模型无偏预测性状的基因型值（朱军，
1993），基于性状的基因型值计算各性状之间的相关性系数。

## （四）聚类分析

采用 SPSS 9.0 软件基于性状的基因型值对 11 个数量性状进行聚类分析，构建聚类图。性状间的遗传距离采用欧氏距离法进行计算，欧氏距离计算公式为 $EUCLID = \sqrt{\sum_{i=1}^{k} (x_i - y_i)^2}$，其中，$k$ 表示样本有 $k$ 个变量，$x_i$ 表示第一个样本在第 $i$ 个变量上的取值，$y_i$ 标示第二个样本在第 $i$ 个变量上的取值（徐海明等，2004）。

# 二、结果与分析

## （一）质量性状的遗传多样性

辣椒资源主要质量性状的遗传多样性情况见表 8-2，其中果型遗传多样性指数最高为 1.81，以长羊角形分布频率最高，为 36.43%，长牛角形次之，为 29.65%。果实横切面形状多样性指数为 1.23，以近四边形分布频率最高，为 45.98%。果面特征多样性指数为 0.85，以微皱型所占比例最大，为 54.02%，光滑型次之，为 40.70%。株型多样性指数为 0.73，以半直立型分布频率最高，为 75.13%。叶缘

表 8-2　辣椒资源质量性状频率分布和多样性

| 性状 | 频率分布（%） | | | | | | | | | | | | | H′ |
|---|---|---|---|---|---|---|---|---|---|---|---|---|---|---|
| | 1 | 2 | 3 | 4 | 5 | 6 | 7 | 8 | 9 | 10 | 11 | 12 | 13 | |
| A | 3.52 | 0 | 96.48 | | | | | | | | | | | 0.15 |
| B | 13.07 | 75.13 | 11.8 | | | | | | | | | | | 0.73 |
| C | 91.21 | 8.54 | 0.25 | | | | | | | | | | | 0.31 |
| D | 40.70 | 54.02 | 5.28 | | | | | | | | | | | 0.85 |
| E | 0.50 | 0.25 | 0.25 | 5.78 | 3.02 | 6.53 | 29.65 | 4.02 | 36.43 | 2.51 | 2.51 | 6.03 | 2.51 | 1.81 |
| F | 25.38 | 20.60 | 45.98 | 8.04 | | | | | | | | | | 1.23 |

多样性指数为 0.31，以全缘型所占比例最高，为 91.21%。下胚轴颜色多样性指数为 0.15，紫色型分布频率最高，为 96.48%。

## （二）数量性状的遗传多样性

辣椒数量性状的变异情况见表 8-3。各性状变异幅度大于其平均值 1~6 倍，变异系数平均值为 36.90%。11 个数量性状中，株幅的遗传多样性指数最大，为 5.97，变异幅度达 72.00cm；株高和叶片长变异系数分别为 20.72% 和 20.52%，遗传多样性指数均为 5.96；叶片宽变异幅度超过平均值的 2 倍，叶片宽最小为 2.40cm，最大为 15.5cm，遗传多样性指数为 5.96；叶柄长、始花节位和果柄长变异幅度几乎是平均值的 2 倍，多样性指数均为 5.94。果纵径和果肉厚变异幅度超过平均值的 2 倍，变异系数分别为 40.96% 和 44.00%。果横径变异幅度超过平均值的 3 倍，变异系数达 48.45%。单果重最大为 181.10g，最小为 1.10g，变异幅度超过平均值的 6 倍，变异系数达 91.59%。

**表 8-3　辣椒资源数量性状的变异情况**

| 性状 | 最小值 | 最大值 | 平均值 | 极差 | 标准差 | 变异系数 | 多样性指数 |
|---|---|---|---|---|---|---|---|
| G | 24.00 | 88.00 | 56.41 | 64.00 | 11.69 | 20.72 | 5.96 |
| H | 24.00 | 96.00 | 54.09 | 72.00 | 10.69 | 19.76 | 5.97 |
| I | 4.50 | 19.00 | 11.50 | 14.50 | 2.36 | 20.52 | 5.96 |
| J | 2.40 | 15.50 | 5.36 | 13.10 | 1.36 | 25.37 | 5.96 |
| K | 2.50 | 14.50 | 6.16 | 12.00 | 1.89 | 30.68 | 5.94 |
| L | 4 | 21 | 9 | 17 | 2.94 | 32.67 | 5.94 |
| M | 1.90 | 32.60 | 13.38 | 30.70 | 5.48 | 40.96 | 5.90 |
| N | 0.40 | 11.70 | 2.91 | 11.30 | 1.41 | 48.45 | 5.88 |
| O | 1.10 | 9.80 | 4.43 | 8.70 | 1.38 | 31.15 | 5.94 |
| P | 0.01 | 0.64 | 0.25 | 0.63 | 0.11 | 44.00 | 5.89 |
| Q | 1.10 | 181.10 | 29.50 | 180.00 | 27.02 | 91.59 | 5.65 |

## （三）数量性状的相关性分析

利用复合线性模型无偏预测辣椒 11 个数量性状的基因型值，基于基因型值进行性状间的相关性分析。从相关分析结果（表 8-4）可以得出下面的结论：

**表 8-4　基于基因型值的数量性状间的相关性系数**

| 性状 | G | H | I | J | K | L | M | N | O | P | Q |
|---|---|---|---|---|---|---|---|---|---|---|---|
| G | 1 | | | | | | | | | | |
| H | 0.34 ** | 1 | | | | | | | | | |
| I | 0.49 ** | 0.02 | 1 | | | | | | | | |
| J | 0.37 ** | -0.02 | 0.71 ** | 1 | | | | | | | |
| K | 0.26 ** | -0.08 | 0.60 ** | 0.54 ** | 1 | | | | | | |
| L | 0.41 ** | 0.16 ** | 0.09 | 0.04 | 0.03 | 1 | | | | | |
| M | 0.12 * | 0.06 | 0.31 ** | 0.36 ** | 0.27 ** | -0.32 ** | 1 | | | | |
| N | 0.01 | -0.16 ** | 0.32 ** | 0.40 ** | 0.20 ** | -0.27 ** | 0.39 ** | 1 | | | |
| O | 0.30 ** | 0.04 | 0.43 ** | 0.40 ** | 0.23 ** | -0.08 | 0.65 ** | 0.34 ** | 1 | | |
| P | 0.03 | -0.09 | 0.27 ** | 0.32 ** | 0.18 ** | -0.34 ** | 0.41 ** | 0.58 ** | 0.30 ** | 1 | |
| Q | 0.03 | -0.14 ** | 0.35 ** | 0.45 ** | 0.29 ** | -0.33 ** | 0.59 ** | 0.75 ** | 0.44 ** | 0.67 ** | 1 |

（1）株高与株幅（$r=0.34$）、叶片长（$r=0.49$）、叶片宽（$r=0.37$）、叶柄长（$r=0.26$）、始花节位（$r=0.41$）、果柄长（$r=0.30$）呈极显著正相关，这说明若加大对株高的选择，会使株幅、叶片长、叶片宽、叶柄长、始花节位、果柄长这些性状明显增加。因此，在辣椒育种时应该注意协调株高、株幅、叶片长、叶片宽的相互关系，以达到育种的理想株型。

（2）始花节位与果纵径（$r=-0.32$）、果横径（$r=-0.27$）、果

肉厚（$r=-0.34$）、单果重（$r=-0.33$）呈极显著负相关，始花节位高则果型偏小，始花节位低，开花期早，果型偏大，单果重较高；另外，始花节位与株高（$r=0.41$）、株幅（$r=0.16$）呈极显著正相关，始花节位高则植株高大、株幅大。要获得早熟、丰产辣椒品种就要选择始花节位低、株高和株幅适中、大果型组合。

（3）果肉厚与叶片长、叶片宽、叶柄长、果纵径、果横径、果柄长呈极显著正相关，其中与果纵径、果横径的相关系数分别达0.41和0.58，说明果型较大的品种，其果肉也较厚，小果型品种则果皮薄脆，口感好，根据生产和市场的不同要求对果肉厚性状进行选择。

（4）辣椒单果重与叶片长、叶片宽、叶柄长、果纵径、果横径、果柄长、果肉厚呈极显著正相关，其中果横径、果肉厚与单果重的相关系数达0.75和0.67，表明果横径、果肉厚与单果重量密切相关。

## （四）数量性状的聚类分析

基于11个数量性状的基因型效应值计算辣椒性状间的遗传距离，不同性状间遗传距离变幅为14.26~32.99，单果重与果横径、叶片宽与叶片长、单果重与果肉厚、果柄长与果纵径、叶柄长与叶片长、单果重与果纵径、果肉厚与果横径、叶柄长与叶片宽遗传距离较小，分别为14.26、15.41、16.28、16.75、17.91、18.11、18.43和19.34。株幅与单果重、株幅与果横径、始花节位与果横径、始花节位与果纵径、始花节位与果肉厚、始花节位与单果重间遗传距离较大，分别为30.42、30.64、32.17、32.72、32.99和32.99（表8-5）。在聚类重新标定距离为10时，11个数量性状被分为7个类群，第1类群包括3个性状，分别为果横径、单果重和果肉厚，第2类群包括2个性状，分别为果纵径和果柄长，第3类群包括2个性状，分别为叶片长和叶片宽，第4类群包括1个性状，为叶柄长，第5类群包括1个性状，为株高，第6类群包括1个性状，为始花节位，第7类群包括1个性状，为株幅（图8-1）。

### 表 8-5 辣椒数量性状间的遗传距离

| 性状 | G | H | I | J | K | L | M | N | O | P | Q |
|------|-----|-----|-----|-----|-----|-----|-----|-----|-----|-----|-----|
| G | 0.00 | | | | | | | | | | |
| H | 23.07 | 0.00 | | | | | | | | | |
| I | 20.31 | 28.15 | 0.00 | | | | | | | | |
| J | 22.59 | 28.64 | 15.41 | 0.00 | | | | | | | |
| K | 24.44 | 29.43 | 17.91 | 19.34 | 0.00 | | | | | | |
| L | 21.88 | 26.13 | 27.21 | 27.94 | 28.10 | 0.00 | | | | | |
| M | 26.48 | 27.42 | 23.62 | 22.75 | 24.17 | 32.72 | 0.00 | | | | |
| N | 28.25 | 30.64 | 23.47 | 22.06 | 25.45 | 32.17 | 22.25 | 0.00 | | | |
| O | 23.71 | 27.77 | 21.53 | 22.07 | 24.87 | 29.62 | 16.75 | 23.17 | 0.00 | | |
| P | 27.83 | 29.53 | 24.38 | 23.43 | 25.73 | 32.99 | 21.79 | 18.43 | 23.76 | 0.00 | |
| Q | 28.05 | 30.42 | 23.01 | 21.25 | 24.03 | 32.99 | 18.11 | 14.26 | 21.26 | 16.28 | 0.00 |

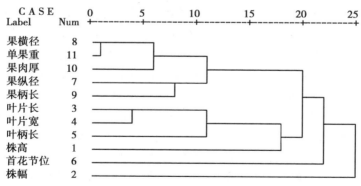

**Dendrogram using Single Linkage**

**Rescaled Distance Cluster Combine**

图 8-1 数量性状间的聚类

# 三、结论与讨论

作物种质资源是新品种选育和优异基因发掘的物质基础（朱岩芳等，2010）。对作物种质农艺性状进行遗传多样性研究，有助于了解不同材料的遗传背景，可为育种工作提供重要的信息。本研究分析了辣椒 17 个农艺性状的遗传多样性，6 个质量性状的遗传多样性变幅为 0.15~1.81，11 个数量性状的遗传多样性指数均超过了 5.5，该结果表明辣椒种质存在丰富的遗传多样性。

许多性状间存在着错综复杂的相互关系，性状间的相关性分析可明确对目标性状有显著影响的其他性状，利用性状间的相关性关系可对不容易直接选择的性状实施间接选择，因此研究辣椒性状之间的相互关系，有助于权衡性状的选择，对辣椒育种工作有一定的指导意义。作物性状表型值受基因型、环境以及基因型与环境互作的影响（苗锦山等，2010），单纯依靠农艺性状数据进行性状间的相关性分析存在一定误差。本研究采用混合线性模型无偏预测性状的基因型值，基于性状的基因型值进行性状间的相关性分析，排除了环境、基因型与环境互作的影响，分析结果更具可靠性。辣椒性状相关性分析结果表明，株高与株幅、叶片长、叶片宽、叶柄长、始花节位、果柄长呈极显著正相关，在辣椒育种时应该注意协调这些性状间的相互关系，以达到育种的理想株型。始花节位与果纵径、果横径、果肉厚、单果重呈极显著负相关，与株高、株幅呈极显著正相关，要获得早熟、丰产辣椒品种就要选择始花节位低、株高和株幅适中、大果型组合。果肉厚与果纵径和果横径呈极显著正相关，说明果型较大的品种，其果肉也较厚。单果重与果横径、果肉厚呈极显著正相关，表明果横径、果肉厚与单果重量密切相关，可通过提高果肉厚度和果实宽度来增加单果质量。综上，性状间存在复杂的交互作用关系，既有相辅相成的关系，也有相互制约的关系，因此在辣椒新品种选育过程中，应抓准其主要性状的选择，同时兼顾其他性状的取舍。

　　基于 11 个数量性状的基因型效应值计算辣椒性状间的遗传距离，不同性状间遗传距离变幅为 14.26 ~ 32.99，在聚类重新标定距离为 10 时，11 个数量性状被分为 7 个类群，进一步明确了不同性状间的相关关系。该研究为辣椒种质资源的合理利用、引种和育种奠定了坚实的基础。

# 第九章 辣椒优良自交系遗传
## 多样性分析

种质资源是栽培品种改良、新品种选育的基础。辣椒作为一种世界性蔬菜作物具有丰富的遗传和表型多样性，遗传多样性分析是种质资源评价和利用的主要内容之一。加强辣椒遗传多样性研究，筛选优异种质资源，对改良辣椒品种、提高辣椒产量和品质具有重要意义。陈学军等（2007）利用 RAPD、ISSR 标记及表型数据对 13 份辣椒材料进行遗传多样性分析，结果表明基于 RAPD、ISSR 的聚类结果与基于表型数据的聚类结果之间存在极显著正相关，能够将一年生辣椒与其他栽培种区分开来。李晴等（2010）利用 RAPD 标记分析了 37 份辣椒种质遗传多样性，将 37 份辣椒种质分为 5 个类群。

尽管 RAPD 标记操作简单，检测快速，不需要提前知道基因组序列信息，但 RAPD 标记多为显性标记，检测结果重复性和稳定性较差，易受各种因素影响，ISSR 分子标记大部分为显性标记，利用 RAPD 和 ISSR 标记进行种子纯度鉴定和遗传多样性分析具有一定的局限性。SSR，即简单序列重复，是一类由几个核苷酸为重复单位组成的串联重复序列。SSR 标记在真核生物基因组中具有数量丰富、分布均匀、共显性遗传、等位性变异丰富、操作简单、不受环境因素影响、稳定性和重复性好等优点，是进行作物遗传多样性分析、遗传连锁图谱构建、杂交种纯度鉴定、基因定位及标记辅助育种的理想标记类型（Nagy et al.，2007），已在多种农作物杂交种纯度鉴定中得到应用（Naresh et al.，2009；王利英等，2012）。但在辣椒遗传多样性分析方面鲜有报道。本研究拟利用 SSR 标记技术对海南地区 30 份辣椒优良自交系进行遗传多样性分析，以期为辣椒种质资源的开发利用提供理论依据。

# 一、材料与方法

## （一）供试材料

供试辣椒优良自交系共30份，均是经过多次杂交、回交和自交选育出的自交系，抗逆性及部分农艺性状表现优良，并且适应海南地区的气候条件。其中中国辣椒22份，一年生辣椒8份。在22份中国辣椒种质中，7份来自中国，6份来自英国，7份来自法国，1份来自美国，1份来自巴西。在8份一年生辣椒种质中，7份来自中国，1份来自美国（表9-1）。

表9-1 供试辣椒材料种类及来源

| 序号 | 种质编号 | 来源 | 栽培种种类 |
|------|----------|------|------------|
| 1 | CAYB01 | 中国海南 Hainan China | 中国辣椒 *Capsicum chinense* |
| 2 | CAYB02 | 英国 England | 中国辣椒 *Capsicum chinense* |
| 3 | CA202 | 中国 China | 一年生辣椒 *Capsicum annuum* |
| 4 | CA60 | 英国 England | 中国辣椒 *Capsicum chinense* |
| 5 | CA07 | 中国海南 Hainan China | 中国辣椒 *Capsicum chinense* |
| 6 | CA12 | 中国云南 Yunnan China | 中国辣椒 *Capsicum chinense* |
| 7 | CA49 | 英国 England | 中国辣椒 *Capsicum chinense* |
| 8 | CA11 | 法国 France | 中国辣椒 *Capsicum chinense* |
| 9 | CA05 | 法国 France | 中国辣椒 *Capsicum chinense* |
| 10 | CA01 | 中国 China | 中国辣椒 *Capsicum chinense* |
| 11 | CA04 | 法国 France | 中国辣椒 *Capsicum chinense* |
| 12 | CA15 | 法国 France | 中国辣椒 *Capsicum chinense* |
| 13 | CA78 | 英国 England | 中国辣椒 *Capsicum chinense* |
| 14 | CA09 | 法国 France | 中国辣椒 *Capsicum chinense* |
| 15 | CA38 | 中国 China | 中国辣椒 *Capsicum chinense* |
| 16 | CA57 | 英国 England | 中国辣椒 *Capsicum chinense* |

（续表）

| 序号 | 种质编号 | 来源 | 栽培种种类 |
|---|---|---|---|
| 17 | CA16 | 法国 France | 中国辣椒 *Capsicum chinense* |
| 18 | CASM4 | 中国 China | 中国辣椒 *Capsicum chinense* |
| 19 | CA17 | 法国 France | 中国辣椒 *Capsicum chinense* |
| 20 | CA267 | 中国山西 Shanxi China | 一年生辣椒 *Capsicum annuum* |
| 21 | CA211 | 中国 China | 一年生辣椒 *Capsicum annuum* |
| 22 | CAF9 | 中国 China | 一年生辣椒 *Capsicum annuum* |
| 23 | CA269 | 美国 America | 一年生辣椒 *Capsicum annuum* |
| 24 | CA18 | 美国 America | 中国辣椒 *Capsicum chinense* |
| 25 | CAF1 | 中国 China | 一年生辣椒 *Capsicum annuum* |
| 26 | CAM8 | 中国 China | 一年生辣椒 *Capsicum annuum* |
| 27 | CA92 | 中国 China | 一年生辣椒 *Capsicum annuum* |
| 28 | CA44 | 中国 China | 中国辣椒 *Capsicum chinense* |
| 29 | CA25 | 巴西 Brazil | 中国辣椒 *Capsicum chinense* |
| 30 | CA59 | 英国 England | 中国辣椒 *Capsicum chinense* |

## （二）方法

### 1. 基因组 DNA 提取

将供试的辣椒材料播种于营养钵中，按照常规栽培措施进行管理，待植株生长至 4~5 片真叶时取材提取叶片基因组 DNA，提取方法采用 Liu 等（2012）的 CTAB 法提取。

### 2. 多态性标记分析

选取来源地和农艺性状差异显著的中国辣椒材料 CAYB01、CAYB02 和一年生辣椒 CA269 的基因组 DNA 为模板，利用已开发的辣椒 SSR 引物（http：//solgenomics. net/search/markers）进行扩增，筛选多态性的 SSR 标记。

PCR 反应体系为 10μl，其中包括 10mmol/L Tris-HCl（pH 值为 7.5），45mmol/L KCl，1.5mmol/L $MgCl_2$，0.2mmol/L dNTPs，55ng

引物，0.5U *Taq* DNA 聚合酶，60~80ng 模板 DNA。扩增程序为 94℃ 预变性 5min；94℃ 变性 45s，50~60℃（根据具体引物的退火温度而定）退火 35s，72℃ 延伸 1min，35 个循环；72℃ 终延伸 8min。PCR 产物保存于 4℃。5μl 扩增产物与 2μl 上样缓冲液混合经 8%非变性聚丙烯酰胺凝胶（丙烯酰胺：甲叉双丙烯酰胺=39：1）电泳，银染显色进行带型统计。

3. 数据统计与分析

将电泳图谱上清晰条带记为"1"，同一位置没有条带记为"0"，构建 [1，0] 二元数列矩阵，利用 NTsys_ 2.10e 软件 Qualitative data 相似性分析模块计算供试材料间的遗传相似系数，采用 SAHN 聚类分析模块中的 UPGMA 法进行聚类分析。

# 二、结果与分析

## （一）遗传相似性分析

以中国辣椒材料 CAYB01、CAYB02 和一年生辣椒 CA269 的基因组 DNA 为模板筛选 85 对辣椒 SSR 引物，其中 22 对引物在三份材料间存在多态性，多态性比率为 25.88%。选取 12 对扩增条带清晰，稳定性和重复性较好的 SSR 标记，分别位于 1 号、2 号、3 号、5 号、7 号、9 号、11 号、12 号染色体上，对 30 份辣椒优良自交系进行多样性分析。12 对 SSR 标记在辣椒优良自交系中共扩增出 60 条带，多态性比率为 100%，多态性片段大小为 100~360bp（表 9-2 和图 9-1）。统计 PCR 扩增条带，按照条带的有无分别记为 1 和 0，构建数据矩阵，利用 NTsys_ 2.10e 软件计算遗传相似系数，在供试的 30 份材料中，不同辣椒种质间遗传相似性系数变幅为 0.33~1.00，平均为 0.65，表明这些自交系间遗传差异较大。其中一年生辣椒 CA202、CAF9、CAF1、CAM8 间，中国辣椒 CA05 和 CA16 间，中国辣椒 CA15 和 CA09 间相似性系数最大，为 1.00，表明这些材料间亲缘关

系较近。中国辣椒 CA12 与一年生辣椒 CA202、CAF9、CAF1、CAM8
间相似性系数最小，为 0.33，表明中国辣椒 CA12 与一年生辣椒
CA202、CAF9、CAF1、CAM8 亲缘关系较远。

表 9-2　用于辣椒遗传多样性分析的 SSR 标记

| 引物编号 | 正向引物序列 (5′-3′) | 反向引物序列 (5′-3′) | 染色体 | 多态性条带数 | 多态性片段长度 |
|---|---|---|---|---|---|
| SSR7 | TGAGGCAGTGGTATGGTCTGC | CCCGAGTTCGTCTGCCAATAG | 1 | 4 | 140~160bp |
| SSR20 | AGGGCTAAGCCGTCTAAA | CTCTTCATGTCCACCCTG | 2 | 7 | 280~360bp |
| SSR22 | ATCTATTTTCCTCCGGCGAC | CGGTAAGCTGCCTTGATCTC | 2 | 4 | 260~270bp |
| SSR31 | ACGCCAAGAAAATCATCTCC | CCATTGCTGAAGAAAATGGG | 3 | 8 | 150~200bp |
| SSR48 | CGAAAGGTAGTTTTGGGCCTTTG | TGGGCCCAATATGCTTAAGAGC | 5 | 2 | 160~165bp |
| SSR50 | TCTCTCTCTACATCTCTCCGTTG | TGTCGTTCGTCGACGTACTC | 5 | 5 | 220~240bp |
| SSR56 | GAACCCTTCATTCCTGTATGT | TTTGCCCGCATTATGTAAATC | 7 | 8 | 160~210bp |
| SSR58 | TTTCTCATGTTGACTCCCAAG | TCCATCTTTATCAGCTGGCC | 7 | 2 | 190~200bp |
| SSR64 | ACCCAAATTTGCCTTGTTGAT | AATCCATAACCTTATCCCATAAA | 9 | 5 | 180~240bp |
| SSR73 | TTTCTTCTCTGGCCCTTTTG | ACGCCTATTGCGAATTTCAG | 11 | 3 | 190~200bp |
| SSR76 | TTTGGACCCTTTCCCTAC | GGATCAAGTAGGCGTTGA | 11 | 8 | 100~170bp |
| SSR81 | CACCACCAGTCACAAAGTTAC | CCCTTCAAATACATCCCATGC | 12 | 4 | 180~220bp |

## （二）聚类分析

基于辣椒种质间相似系数矩阵，利用 NTsys_ 2.10e 软件进行聚
类分析，在遗传相似系数为 0.47 处可以将中国辣椒种质资源与一年
生辣椒种质资源区分开。在遗传相似系数为 0.85 处，30 份辣椒优良
自交系资源被分为 11 个类群，第 1 类群包括 11 份中国辣椒种质，分
别为来自中国海南 2 份，来自法国 7 份，来自巴西 1 份，来自中国云
南 1 份。第 2 类群包括 5 份来自英国的中国辣椒种质。第 3 类群包括
1 份来自英国的中国辣椒种质。第 4 类群包括 1 份来自美国的中国辣
椒种质。第 5 类、第 6 类、第 7 类、第 8 类群分别包含 1 份来自中国

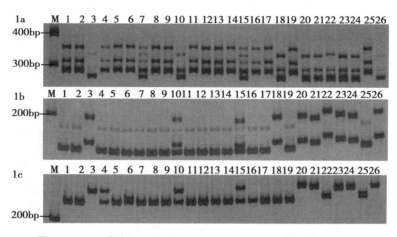

图 9-1　SSR 标记 SSR20（1a）、SSR31（1b）和 SSR50（1c）
在部分辣椒种质中的扩增结果

M：DL1000 DNA Marker；1~26：第 1~26 号辣椒种质

的中国辣椒种质。第 9 类群包括 5 份来自中国的一年生辣椒种质，其中 CA202、CAF9、CAF1 和 CAM8 属于一年生辣椒中的灯笼椒，CA267 属于一年生辣椒中的短锥椒。第 10 类群包括 2 份来自中国的一年生辣椒种质 CA211 和 CA92，属于一年生辣椒中的长角椒。第 11 类群包括 1 份来自美国的一年生辣椒种质 CA269，属于一年生辣椒中的樱桃椒。同一来源地的材料和农艺性状相似的材料具有聚集在一起的趋势，如来自中国海南的 CAYB01 和 CA07，来自法国的 CA05 和 CA16，CA04 和 CA17，CA15 和 CA09，来自英国的 CAYB02、CA60、CA57、CA78 和 CA49，一年生灯笼椒 CA202、CAF9、CAF1 和 CAM8，一年生长角椒 CA211 和 CA92。第 3 类、第 4 类、第 5 类、第 6 类、第 7 类、第 8 类和 11 类群分别由 1 份种质材料组成，表明这 7 份种质与其余种质亲缘关系较远（图 9-2）。本研究室选取亲缘关系较远的中国辣椒自交系配制了杂交组合，其中 CAYB02×CAYB01、CA12×CA11、CAYB02×CA11、CA12×CA18 的辣度分别为 17，2000、

21，4000、21，7000 和 33，2000 SHU，产量和综合抗病能力均优于本地对照品种。

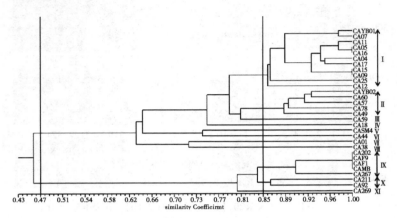

图 9-2　30 份辣椒优良自交系聚类分析图

# 三、结论与讨论

作物种质资源是实现各个育种途径的原始材料，育种效果在很大程度上决定于原始材料的选择。对种质资源遗传多样性进行研究有助于了解不同种质的遗传背景及品种间的亲缘关系，可以有效地进行亲本选配，从而更加合理地进行试验设计（张法惺等，2010）。本研究利用位于辣椒不同染色体上 SSR 标记对 30 份辣椒优良自交系进行遗传多样性分析，遗传相似性分析结果表明供试辣椒种质间具有丰富的遗传多样性。聚类分析结果表明，SSR 标记可以把不同栽培种的辣椒材料区分开来，相同来源地的材料和农艺性状相似的材料具有聚集在一起的趋势，如来自中国海南的 CAYB01 和 CA07，来自法国的 CA05 和 CA16，CA04 和 CA17，CA15 和 CA09，来自英国的 CAYB02、CA60、CA57、CA78 和 CA49，一年生灯笼椒 CA202、CAF9、CAF1 和 CAM8，一年生长角椒 CA211 和 CA92。CASM4、CA44、CA01 和

CA38 虽都为来自中国的中国辣椒种质，但却单独聚为一类，这可能是由于种质资源的遗传改良导致了遗传背景的差异。第 3、4、5、6、7、8 和 11 类群分别由 1 份种质材料组成，表明这 7 份种质与其余种质亲缘关系较远。实践中为了更好地利用杂种优势，可以选取亲缘关系较远的种质配制杂交组合。本研究室已经根据中国辣椒自交系的亲缘关系配制了杂交组合，其辣椒素的含量均显著优于对照品种。

# 第十章　苦瓜种质农艺性状调查及
# 白粉病抗性鉴定

苦瓜白粉病主要是由二孢白粉菌（*Golovinomyces cichoracearum*）及瓜类单囊壳菌（*Podosphaera xanthii*）引起的危害苦瓜生产的一种常见病害。该病原菌寄主范围广泛，可寄生在多种葫芦科作物上，具有生理小种多，变异速度快的特点，对温度和湿度的适应范围较广（张莉等，2011）。主要为害叶片、叶柄和茎，苗期至收获期均可染病，田间发病率可高达100%，造成植株叶片褪绿、变黄，光合作用降低，影响果实发育，植株早衰，缩短采收期，导致减产40%以上（陈燕琼，2010）。白粉病已成为制约苦瓜无公害生产的关键性因素。

对苦瓜白粉病的防治主要采取加强栽培管理、化学防治和种植抗病品种等措施。与加强栽培管理和化学防治相比，培育和推广抗病品种是防御瓜类白粉病最为经济、有效和环保的措施，对于提高苦瓜产量、增加经济效益具有重要意义。筛选优良种质资源是苦瓜遗传育种的基础，本研究通过对苦瓜种质资源进行苗期白粉病抗性鉴定及田间农艺性状调查，以期鉴定抗白粉病和农艺性状优良的自交系，为苦瓜育种提供依据。

# 一、材料与方法

## （一）材料

供试苦瓜种质材料18份（表10-1），均来自中国热带农业科学院热带作物品种资源研究所热带蔬菜研究中心课题组，其中自交系

25M 为感病对照。供试白粉菌采自热带蔬菜研究中心试验基地自然发病植株。

表 10-1　供试苦瓜种质材料

| 编号 | 苦瓜材料 | 编号 | 苦瓜材料 | 编号 | 苦瓜材料 |
|------|----------|------|----------|------|----------|
| 1 | 03-8 | 7 | 27-3 | 13 | 09-6 |
| 2 | 03 | 8 | 04 | 14 | 09-22 |
| 3 | 25M | 9 | 21-1-1 | 15 | 09-14 |
| 4 | 06-18 | 10 | 27-2 | 16 | 26-6 |
| 5 | 07-13 | 11 | 21-1-2 | 17 | 06-14 |
| 6 | 09-18 | 12 | 27-1 | 18 | 04-25 |

## （二）方法

### 1. 材料准备

试验于 2013 年 1 月在中国热带农业科学院热带作物品种资源研究所 8 队试验基地温室内进行。将苦瓜种子用湿纱布包裹于恒温培养箱中 28℃ 催芽，待胚根露白时，将其播种于营养杯中，每份材料分别播种 10 株，肥水管理一致，待植株长至 1 片真叶期进行接种。对照自交系为 25M，对苦瓜白粉菌表现高度感病。

### 2. 接种液的制备

采集田间自然发病的病叶，在感病苦瓜自交系 25M 上扩繁，接种时，去除叶面上的老孢子，25℃ 左右保湿 16h，用毛笔刷取叶片上的新鲜孢子于无菌水中，搅拌均匀既得孢子悬浮液，接种适宜浓度为 $10^5$ 个孢子/ml。

### 3. 接种方法

接种采用喷雾接种法。用手持喷雾器将制备好的孢子悬浮液均匀喷于苦瓜叶面，以雾滴布满叶面但不流失为宜。接种后于 25℃ 的培养箱中黑暗保湿 15 h。后转入 25℃ 左右的温室内正常管理。

### 4. 病情调查与分级标准

接种后 15 天调查发病情况，参照《苦瓜种质资源描述规范和数据标准》记录病株数及病级（表10-2）。

表10-2 苦瓜白粉病病情分级标准

| 病级 | 发病症状 |
|------|----------|
| 0 | 无症状 |
| 1 | 病斑面积占叶面积的1/3以下，白粉模糊不清 |
| 2 | 病斑面积占叶面积的1/3~2/3，白粉较为明显 |
| 3 | 病斑面积占叶面积的2/3以上，白粉层较厚、连片 |
| 4 | 白粉层浓厚，叶片开始变黄、坏死 |
| 5 | 叶片坏死斑面积占叶面积的2/3以上 |

DI（病情指数）= 100×∑（相应病级级别的株数×发病级别）/（调查总株数×5）。种质群体对白粉病的抗性依据病情指数分为5级。高抗（HR，0<病情指数≤15），抗病（R，15<病情指数≤35），中抗（MR，35<病情指数≤55），感病（S，55<病情指数≤75），高感（HS，病情指数>75）。

5. 苦瓜农艺性状调查

苦瓜农艺性状调查参照《苦瓜种质资源描述规范和数据标准》。

# 二、结果与分析

## （一）不同苦瓜材料白粉病抗性鉴定

采用喷雾接种法对苦瓜幼苗进行白粉病抗性鉴定，共鉴定18份苦瓜材料，其中06-18和04对白粉菌表现抗病级别，占鉴定材料的11.11%；03、27-2、21-1-2、27-1、09-6和06-14对白粉菌表现中抗，占鉴定材料的33.33%；09-18、27-3、21-1-1、09-14和26-6对白粉菌表现感病，占鉴定材料的27.78%；03-8、25M、07-13、09-22和04-25对白粉菌表现高感，占鉴定材料的27.78%（表10-3）。鉴定出的苦瓜抗病材料可以为苦瓜优良品种选育提供抗源。

**表 10-3 不同苦瓜材料白粉病抗性鉴定结果**

| 编号 | 苦瓜材料 | 病情指数 | 抗感反应 | 编号 | 苦瓜材料 | 病情指数 | 抗感反应 |
|---|---|---|---|---|---|---|---|
| 1 | 03-8 | 85 | HS | 10 | 27-2 | 50 | MR |
| 2 | 03 | 55 | MR | 11 | 21-1-2 | 50 | MR |
| 3 | 25M | 100 | HS | 12 | 27-1 | 45 | MR |
| 4 | 06-18 | 20 | R | 13 | 09-6 | 40 | MR |
| 5 | 07-13 | 95 | HS | 14 | 09-22 | 80 | HS |
| 6 | 09-18 | 60 | S | 15 | 09-14 | 60 | S |
| 7 | 27-3 | 70 | S | 16 | 26-6 | 70 | S |
| 8 | 04 | 35 | R | 17 | 06-14 | 50 | MR |
| 9 | 21-1-1 | 75 | S | 18 | 04-25 | 85 | HS |

## （二）不同苦瓜种质熟性比较分析

参照《苦瓜种质资源描述规范和数据标准》对参试苦瓜种质资源进行熟性统计，09-18、27-3、27-2、09-22、09-14 和 04-25 表现极早熟，占参试种质的 33.33%，从播种到商品瓜始收期少于 70d；03、25M、21-1-2、27-1 和 26-6 表现早熟，占参试种质的 27.78%，从播种到商品瓜始收期需 70~80d；06-18、07-13、04 和 21-1-1 表现中熟，占参试种质的 22.22%，从播种到商品瓜始收期需 81~100d；03-8 表现晚熟，占参试种质的 5.56%，从播种到商品瓜始收期需 101~110d；09-6 和 06-14 表现极晚熟，占参试种质的 11.11%，从播种到商品瓜始收期需多于 110d（表 10-4）。

**表 10-4 不同苦瓜材料熟性差异**

| 编号 | 材料 | 第一雄花节位 | 第一雌花节位 | 熟性 | 编号 | 材料 | 第一雄花节位 | 第一雌花节位 | 熟性 |
|---|---|---|---|---|---|---|---|---|---|
| 1 | 03-8 | 12 | 25 | 晚 | 10 | 27-2 | 5 | 10 | 极早 |
| 2 | 03 | 4 | 13 | 早 | 11 | 21-1-2 | 13 | 14 | 早 |
| 3 | 25M | 9 | 11 | 早 | 12 | 27-1 | 3 | 12 | 早 |

（续表）

| 编号 | 材料 | 第一雄花节位 | 第一雌花节位 | 熟性 | 编号 | 材料 | 第一雄花节位 | 第一雌花节位 | 熟性 |
|------|------|------|------|------|------|------|------|------|------|
| 4 | 06-18 | 8 | 18 | 中 | 13 | 09-6 | 20 | 31 | 极晚 |
| 5 | 07-13 | 8 | 18 | 中 | 14 | 09-22 | 4 | 8 | 极早 |
| 6 | 09-18 | 6 | 10 | 极早 | 15 | 09-14 | 3 | 8 | 极早 |
| 7 | 27-3 | 4 | 5 | 极早 | 16 | 26-6 | 19 | 15 | 早 |
| 8 | 04 | 8 | 17 | 中 | 17 | 06-14 | 17 | 26 | 极晚 |
| 9 | 21-1-1 | 15 | 17 | 中 | 18 | 04-25 | 6 | 9 | 极早 |

## （三）不同苦瓜材料果实性状比较分析

材料 03-8、07-13 和 21-1-2 果长均超过 30cm，分别为 34.71、30.12 和 35.22cm，较对照 25M 增加 47.64%、28.12% 和 49.81%；材料 26-6 和 04-25 果宽超过 10cm，分别为 10.35 和 10.00cm，较对照 25M 增加 21.34% 和 17.23%；材料 06-18、07-13 和 26-6 单果重均超过 500g，分别为 620.21、550.32 和 550.43g，较对照 25M 增加 55.01%、37.54% 和 37.57%；材料 09-18、27-3 和 26-6 果肉厚均超过 1.20cm，分别为 1.22、1.24 和 1.24cm，较对照 25M 增加 7.02%、8.77% 和 8.77%（表 10-5）。

表 10-5　不同苦瓜材料果实性状差异

| 编号 | 材料 | 果长（cm） | 果宽（cm） | 单果重（g） | 果肉厚（cm） |
|------|------|------|------|------|------|
| 1 | 03-8 | 34.71 | 7.51 | 475.21 | 0.82 |
| 2 | 03 | 23.82 | 7.00 | 350.23 | 0.92 |
| 3 | 25M | 23.51 | 8.53 | 400.12 | 1.14 |
| 4 | 06-18 | 29.63 | 8.91 | 620.21 | 1.05 |
| 5 | 07-13 | 30.12 | 7.12 | 550.32 | 1.02 |
| 6 | 09-18 | 24.00 | 7.53 | 400.24 | 1.22 |
| 7 | 27-3 | 23.71 | 8.93 | 405.43 | 1.24 |

（续表）

| 编号 | 材料 | 果长（cm） | 果宽（cm） | 单果重（g） | 果肉厚（cm） |
|---|---|---|---|---|---|
| 8 | 04 | 28.32 | 7.00 | 410.14 | 0.81 |
| 9 | 21-1-1 | 28.00 | 6.92 | 375.31 | 0.84 |
| 10 | 27-2 | 19.13 | 8.00 | 330.22 | 0.82 |
| 11 | 21-1-2 | 35.22 | 7.00 | 470.13 | 0.91 |
| 12 | 27-1 | 20.00 | 9.91 | 425.41 | 0.93 |
| 13 | 09-6 | 22.00 | 9.32 | 450.33 | 1.01 |
| 14 | 09-22 | 21.51 | 7.32 | 325.42 | 0.82 |
| 15 | 09-14 | 25.52 | 7.94 | 430.12 | 0.81 |
| 16 | 26-6 | 22.81 | 10.35 | 550.43 | 1.24 |
| 17 | 06-14 | 21.83 | 7.52 | 313.31 | 0.71 |
| 18 | 04-25 | 17.04 | 10.00 | 460.22 | 1.11 |

# 三、结论与讨论

苦瓜是海南省主要的瓜菜种类之一。由于天气温暖和连作栽培，苦瓜白粉病的发生日益严重，有效地防治白粉病是苦瓜生产中的关键问题（刘子记等，2012）。培育和推广优良品种对于提高苦瓜抗病性、产量及增加经济效益具有重要意义。对苦瓜种质资源进行抗病性鉴定及田间性状调查分析，可以为苦瓜遗传育种及抗病基因遗传分析奠定基础。

本研究采用喷雾接种法对苦瓜幼苗进行白粉病抗性鉴定，明确了供试材料对白粉菌的抗病性，其中2份种质，06-18和04表现抗病级别，病情指数分别为20和35，这说明在苦瓜材料中存在着优良抗白粉病种质资源。田间性状调查发现，5份种质，09-18、27-3、27-2、09-22、09-14和04-25表现极早熟；3份种质，03-8、07-13和21-1-2

果长均超过 30cm；2 份种质，26-6 和 04-25 果宽超过 10cm；3 份种质，06-18、07-13 和 26-6 单果重均超过 500g；3 份种质，09-18、27-3 和 26-6 果肉厚均超过 1.20cm。这些优良的苦瓜种质资源为进一步选育抗病、高产、优质的新品种提供了重要信息。

# 第十一章　苦瓜根结线虫病的发生与防治

　　苦瓜（*Momordica charantia* L.，$2n = 2x = 22$）为葫芦科苦瓜属蔓生草本植物，广泛分布于热带、亚热带及温带地区，在亚洲和非洲有着悠久的栽培历史。苦瓜营养价值很高，富含维生素 E、维生素 C、氨基酸和矿物质。此外，苦瓜所含的药理活性成分具有降血糖和抗肿瘤等功效。苦瓜适应性广，收获期长，并且随着大众对苦瓜营养价值和药用价值的充分认识，我国苦瓜生产迅速发展，栽培面积逐年扩大。海南岛地处热区，是最早的"南菜北运"基地之一，为丰富全国人民的"菜篮子"提供了有力的保障。以瓜类和茄果类为主体的冬季北运瓜菜年栽培面积约 10 万 $hm^2$，已成为促进海南农业经济增长的重要支柱产业（任红等，2009）。海南冬季瓜菜规模化、标准化及产业化发展对保障北方城市冬季瓜菜平衡供应做出了积极贡献。苦瓜是海南省冬季种植的一种主要瓜菜。由于耕地面积有限，复种指数逐年提高，根结线虫对苦瓜的为害有逐年加重的趋势，尤以连作重茬保护地为重，同时根结线虫的为害又加重了苦瓜枯萎病、根腐病等病害的发生，导致苦瓜产量和品质不同幅度下降，给农业生产带来极大损失，是当前苦瓜生产的一大障碍。

## 一、根结线虫对苦瓜的为害症状

　　根结线虫病是许多农作物的重要病原之一，可以寄生于多种农作物上并快速繁殖，最常见的有南方根结线虫（*Meloidogyne incognita*）、花生根结线虫（*Meloidogyne arenaria*）、爪哇根结线虫（*Meloidogyne javanica*）及北方根结线虫（*Meloidogyne hapla*），这 4 种根结线虫为害作物的频率占到根结线虫发生总量的 95% 以上（Powers et al.，1993）。其中以南方根结线虫的为害最重，特别是在热带地区，根结线虫病害已经成为制约热带农业发展的重要的因素（王志伟等，2007）。根结线虫主要为害苦瓜根系，受根部散发出的某些物质诱导，线虫朝着根尖伸长区移动，以 2 龄幼虫侵入根部，分泌和形成一种酶和激素的混合物（Ramjial et al.，1986），刺激根尖细胞分裂，侧根和须根增多，形成巨形细胞，幼嫩的侧根或须根膨大形成明显的球形或不规则形根结，根结初为白色，质地柔软，后呈黄色或褐色，最后腐烂，导致根系基本功能被破坏，破坏组织正常分化和生理活动，阻碍水分和养料的吸收和运输（Abad et al.，2003），导致植株长势衰弱，株型矮小，光合速率降低，上部叶片黄化，叶片萎蔫，结实不良，瓜表面无棱或瘤突。另外根结线虫还能与多种病原物复合侵染苦瓜，诱发复合病害（Mankau，1980），中午前后叶片出现萎蔫，严重时全株枯死。一般造成苦瓜减产 10%~20%，严重的甚至达 75% 以上，每年造成巨大的经济损失（武扬等，2005）。

## 二、根结线虫的分布与传播途径

线虫主要分布在 5~10cm 的土层中，温度是影响根结线虫生存的重要因素，南方根结线虫、爪哇根结线虫和花生根结线虫的最适生存温度为 25~30℃，主要分布在 35°S 和 35°N 之间。北方根结线虫的最适生存温度为 15~25℃。高于 40℃ 或低于 5℃ 时线虫很少活动。另外，土壤湿度、土壤酸碱度、土壤结构、土壤含氧量都会影响根结线虫的活动。土壤相对湿度 40%~70% 有利于线虫生长，过干或过湿都会抑制线虫活动。一般土质疏松及连作地块，线虫病害发生较重。根结线虫的生活周期受温度影响很大，温度适宜时完成 1 代只需 17d 左右，但如果温度偏低则需要 55d 左右。根结线虫主要借助病土、病株残体、灌溉水、农具等进行近距离传播，通常借助于流水、病土搬迁和病苗调运等进行远距离传播。以成虫、卵在病残体上或以幼虫在上壤中越冬（冯志新，2001）。

# 三、防治措施

## （一）农业防治

农业防治主要通过栽培技术和耕作制度的调整，达到防病的目的。农业栽培措施包括无病化育苗、轮作、嫁接栽培、栽培管理、种植抗病品种、清除病残等，减轻线虫为害（邓莲，2007）。

1. 选用无病种苗

严把苦瓜育苗关，选用无线虫种子和苗木，确保种苗不带病，是防止根结线虫为害的有效措施。将苗床土壤进行消毒，主要采用灭生性土壤处理剂来处理，处理药剂包括氯化苦和威百亩，用量 1~2kg/$hm^2$（赵磊等，2011）。配制营养土时，利用克线灵进行土壤消毒，培育无病壮苗，严格禁止将病苗定植到大田中。另外，可以采用无土栽培育苗技术防治根结线虫，该技术不受疫区限制，适用范围广。

2. 合理轮作

不同作物对根结线虫的感病程度有明显差异，轮作可有效降低土壤中的线虫数量，减轻对后茬作物的危害（董道峰等，2007），是目前防治植物线虫病害较好的措施。苦瓜可与葱、蒜、韭菜等不易感病的蔬菜轮作或套作。对于发病严重的地块实行水旱轮作效果更好，可以有效减少土壤中线虫数量，减轻发病或不发病。另外，在苦瓜的上一茬种植速生蔬菜进行线虫诱集，大量线虫侵入而不能进行大量繁殖，可有效减少线虫的为害。

3. 嫁接栽培

苦瓜嫁接栽培扩大了根系吸收范围和能力，有利于提高苦瓜产量；有利于克服连作障碍，提高了苦瓜抗逆性。在根结线虫重发区种植苦瓜嫁接苗，有利于增强苦瓜抗病能力，可有效降低根结线虫的为害。

## （二）物理防治

对苦瓜根结线虫严重发生的地块，可采用深耕晒垡，另外可采用稻草 30~35kg/hm²、生石灰 15~20kg/hm² 与土壤混匀，用 1~2 层塑料薄膜覆盖地面，利用夏季高热、日光消毒，一方面可以杀死大部分线虫，另一方面可以将植物残体分解（李英梅等，2008）。但物理防治对在深层土壤活动的根结线虫防治效果不明显并且成本较高。

## （三）加强栽培管理

施用腐熟的有机肥，合理灌水，增强苦瓜植株抗病性；收获后及时清除病根、病株残体、杂草，集中烧毁，清洁田园，减少侵染源，防止病害扩散；对在发病田块使用过的农具进行消毒，防止根结线虫病传播蔓延；深翻土壤，使土壤深层中的线虫翻到土表，利用日光暴晒降低土壤含水量，控制线虫活动；保持水利通畅，防止积水，可防治根结线虫从发病田块向无病田块蔓延。

## （四）化学防治

化学防治是根结线虫病害最主要的防治措施，目前市场上销售的防治根结线虫的药剂很多，主要包括氯化苦、噻唑膦、灭线磷、阿维菌素、克百威、溴甲烷、三唑磷、伏杀硫磷、二硫氰基甲烷、辛硫磷等（王会芳等，2007）。在苦瓜定植前，可用米乐尔颗粒剂 60kg/hm² 或 75% 的棉隆可湿性粉剂施入定植穴内，可有效防治苦瓜根结线虫。段爱菊等（2010）研究结果表明 10% 噻唑膦和 1.8% 阿维菌素对苦瓜根结线虫有较好防治效果。黄伟明（2010）利用 6 种杀线虫剂对苦瓜根结线虫进行防治筛选试验，试验结果表明 10% 噻唑膦和 2.5% 二硫氰基甲烷对苦瓜根结线虫病具有很好的防治效果，对根结的形成也具有良好的抑制作用。化学药剂主要通过穴施、沟施、拌种进行处理。化学防治具有快速、高效的优点，但是使用成本较高，容易污染环境，造成苦瓜农药残留超标，并且在杀死根结线虫的同时，也将土壤中的有益生物杀死，严重破坏土壤生态平衡；另外长期使用化学药剂易产生抗药性。探索其他防治根结线虫的方法已经成为苦瓜安全生产亟需解决的问题。

# 四、讨　论

在我国热区，南方根结线虫分布最广，危害最大。近年来，随着农业种植结构的调整，保护地苦瓜栽培面积的迅速发展，为南方根结线虫的发生、发展提供了适宜的环境，土壤中的根结线虫得以聚积增殖。由于海南岛独特的气候条件，根结线虫已成为制约苦瓜产量的一个重要因素。明确根结线虫在海南省苦瓜生产中的危害特征及防治措施对于该病的综合防治具有重要指导作用。

对根结线虫进行化学防治，生产成本较高、容易污染环境，探索高效、低毒和低残留的杀线剂是目前亟需解决的问题。另外开发对环境友好、人畜无害的微生物源及植物源农药具有良好的发展前景。我国自20世纪90年代以来，筛选60多种植物资源对根结线虫的作用效果，其中具有显著杀根结线虫活性的植物共21科29种（张敏等，2009）。安玉兴等（2001）研究结果表明植物源杀虫剂印楝素可有效降低南方根结线虫和瓜哇根结线虫幼虫的侵染。刘庆安等（2008）研究表明茉莉酸甲酯和水杨酸混合溶液能有效防治根结线虫病的发生。朱晓峰等（2009）利用黑曲霉发酵液处理南方根结线虫二龄幼虫，其防治效果在30d达到近50%。

另外，推广和应用抗病品种是防治根结线虫病最为经济、有效和环保的措施。由于抗病基因大多来自野生或者半野生种的苦瓜种质。抗病基因常与不良农艺性状连锁，转育工作比较困难。在下一步的工作中，开展苦瓜抗根结线虫基因定位研究，筛选与目标基因紧密连锁的分子标记，可为分子标记辅助选择育种提供理论依据，将分子标记辅助选择和常规育种相结合，可以显著提高育种效率。具有重要的指导意义。

# 第十二章 苦瓜种质对南方根结线虫抗性的鉴定

由于耕地面积有限，复种指数逐年提高，根结线虫对苦瓜的为害有逐年加重的趋势，尤以连作重茬保护地为重，同时根结线虫的危害又加重了苦瓜枯萎病、根腐病等病害的发生，导致苦瓜产量和品质不同幅度下降，给农业生产带来极大损失，是当前苦瓜生产的一大障碍。根结线虫可以寄生于多种农作物上并快速繁殖，最常见的有南方根结线虫（*Meloidogyne incognita*）、花生根结线虫（*Meloidogyne arenaria*）、爪哇根结线虫（*Meloidogyne javanica*）及北方根结线虫（*Meloidogyne hapla*），这4种根结线虫为害作物的频率占到根结线虫发生总量的95%以上（Powers et al., 1993）。其中以南方根结线虫的为害最重，特别是在热带地区，根结线虫病害已经成为制约热带农业发展的重要因素（王志伟等，2007）。

化学防治具有快速、高效的优点，是根结线虫病害最主要的防治措施。但化学防治成本较高，容易污染环境，造成苦瓜农药残留超标，并且在杀死根结线虫的同时，也将土壤中的有益生物杀死，严重破坏土壤生态平衡，另外长期使用化学药剂易产生抗药性。推广和应用抗病品种是防治根结线虫病最为经济、有效和环保的措施。鉴定高抗根结线虫苦瓜种质材料，是高效培育苦瓜抗性品种的关键所在。沈镝等（2007）选取具代表性的444份主要瓜类作物地方品种，采用病土接种法进行苗期根结线虫抗性鉴定，共获得27份抗根结线虫种质，包括12份冬瓜、3份苦瓜、7份丝瓜和5份西瓜种质。截至目前，有关苦瓜种质根结线虫抗性鉴定的研究非常有限，仍然存在抗病资源材料单一、遗传背景狭窄等问题，生产上一直鲜有抗性品种大面积推广应用。并且随着根结线虫新的种群的出现，已发现的抗性种质逐渐失去抗性，目前迫切需要筛选和鉴定抗根结线虫的苦瓜种质资源。本研究将通过测定 71 份苦瓜种质接种南方根结线虫后相关抗性指标，利用聚类分析和隶属函数分析等方法，对供试苦瓜材料进行抗性鉴定与评价，旨在明确不同材料对根结线虫的抗性水平，为苦瓜根结线虫抗性育种提供抗源。

# 一、材料与方法

## （一）试验材料

试验于 2015—2016 年在中国热带农业科学院热带作物品种资源研究所培养室进行。供试苦瓜种质资源共 71 份，6 份来自山东，13 份来自日本，8 份来自广东，4 份来自江西，7 份来自海南，10 份来自泰国，6 份来自云南，5 份来自湖南，2 份来自广西，7 份来自福建，1 份来自斯里兰卡，2 份来自印度。不同种质间叶片大小、果实大小等性状存在显著差异（表 12-1）。种子浸种、催芽后播种于塑料盆中，每盆种植 1 株，每份材料种植 6 盆，盆内栽培基质（营养土：蛭石＝3∶1）经 121℃ 高温杀菌 2h。

表 12-1　苦瓜种质资源来源

| 编号 | 来源 | 编号 | 来源 | 编号 | 来源 | 编号 | 来源 |
|------|------|------|------|------|------|------|------|
| T1 | 山东 | Y9 | 日本 | Y75 | 海南 | Y105 | 湖南 |
| T2 | 山东 | Y40 | 广东 | Y77 | 海南 | Y106 | 湖南 |
| T5 | 山东 | Y41 | 广东 | Y79 | 泰国 | Y107 | 湖南 |
| T6 | 山东 | Y42 | 广东 | Y80 | 泰国 | Y108 | 湖南 |
| T7 | 山东 | Y45 | 广东 | Y81 | 泰国 | Y109 | 湖南 |
| T8 | 山东 | Y46 | 广东 | Y82 | 泰国 | Y120 | 广西 |
| 38-1 | 日本 | Y47 | 广东 | Y85 | 泰国 | Y121 | 广西 |
| 39-1 | 日本 | Y48 | 广东 | Y86 | 泰国 | Y122 | 福建 |

（续表）

| 编号 | 来源 | 编号 | 来源 | 编号 | 来源 | 编号 | 来源 |
|------|------|------|------|------|------|------|------|
| 40-1 | 日本 | Y49 | 广东 | Y88 | 泰国 | Y123 | 福建 |
| 41-1 | 日本 | Y51 | 江西 | Y89 | 泰国 | Y124 | 福建 |
| 42-1 | 日本 | Y52 | 江西 | Y92 | 泰国 | Y127 | 福建 |
| 46-1 | 日本 | Y54 | 江西 | Y93 | 泰国 | Y128 | 福建 |
| 47-1 | 日本 | Y57 | 江西 | Y94 | 云南 | Y129 | 福建 |
| Y2 | 日本 | Y70 | 海南 | Y95 | 云南 | Y134 | 福建 |
| Y3 | 日本 | Y71 | 海南 | Y96 | 云南 | Y140 | 斯里兰卡 |
| Y5 | 日本 | Y72 | 海南 | Y97 | 云南 | Y147 | 印度 |
| Y6 | 日本 | Y73 | 海南 | Y100 | 云南 | Y149 | 印度 |
| Y7 | 日本 | Y74 | 海南 | Y101 | 云南 | | |

## （二）根结线虫的收集与鉴定

收集海南省保亭县苦瓜主栽区被线虫感染的苦瓜根系，用小镊子挑取卵块并将挑取的卵块冲洗入浅盘中的卫生纸上，25℃黑暗孵化，收集新鲜孵化的 2 龄根结线虫幼虫，置液氮中冷冻，用力研磨成粉末，提取线虫基因组 DNA，根据已公布的线虫特异引物鉴定线虫的种类（Hu et al., 2011）（表 12-2）。

表 12-2　根结线虫种类鉴定引物序列

| 线虫种类 | 正向引物序列（5′-3′） | 反向引物序列（5′-3′） |
|---------|---------------------|---------------------|
| 根结线虫（通用） | GGGGATGTTTGAGGCAGATTTG | AACCGCTTCGGACTTCCACCAG |
| 南方根结线虫 | GTGAGGATTCAGCTCCCCAG | ACGAGGAACATACTTCTCCGTCC |
| 花生根结线虫 | TCGGCGATAGAGGTAAATGAC | TCGGCGATAGACACTACAACT |
| 爪哇根结线虫 | GGTGCGCGATTGAACTGAGC | CAGGCCCTTCAGTGGAACTATAC |
| 北方根结线虫 | GGATGGCGTGCTTTCAAC | AAAAATCCCCTCGAAAAATCCACC |
| 象耳豆根结线虫 | AACTTTTGTGAAAGTGCCGCTG | TCAGTTCAGGCAGGATCAACC |

## （三）根结线虫扩繁与抗性鉴定

将鉴定过的根结线虫接种于温室栽培的高感番茄材料上进行扩繁，培养 6~8 周后采用刘维志（2002）提供的方法从感病植株的根上收集线虫卵块，置于室温中孵化，通过检测悬浮液的线虫浓度来控制接种线虫的用量。苦瓜 2 叶期时在紧邻根系周围打两个 2cm 深的小孔，每植株接种 600 条二龄根结线虫，整个生长期注意控水和控温（18~28℃）。接种 60d 后对植株进行抗性鉴定。先将苦瓜根系洗净，放入 0.1g/L 的伊红黄溶液中染色 30 min，卵块被染成红色，然后调查每株根系的卵块数。采用 Boiteux 等（1996）的方法计算根结指数（GI）和卵粒指数（EI）。其中 GI＝单株根结数/单株根鲜样质量，EI＝单株卵粒数/单株根鲜样质量。

## （四）隶属函数值计算

参照宋洪元等（1998）的隶属函数值计算方法。抗病指标的隶属函数值＝1－（$X-X_{min}$）／（$X_{max}-X_{min}$），$X$ 为接种 60d 后苦瓜种质某指标测定值，$X_{max}$ 为所有供试种质该指标的最大值，$X_{min}$ 为所有供试种质该指标的最小值。隶属函数值越大，表明其抗根结线虫能力越强。

## （五）统计分析

采用 SPSS16.0 软件进行数据处理，计算平均值、标准差和变异系数，经欧氏距离平方法计算样本间距离，采用离差平方和法进行聚类分析。

# 二、结果与分析

## （一）根结线虫的收集与鉴定

收集了海南省保亭县苦瓜主栽区被线虫感染的苦瓜根系，挑取卵块进行孵化，收集 2 龄根结线虫幼虫，置液氮中冷冻，用力研磨成粉末，提取线虫基因组 DNA。以线虫基因组 DNA 为模板，利用已公布的根结线虫特异引物进行 PCR 扩增，根结线虫通用引物与南方根结线虫特异引物扩增片段大小与目的片段大小一致，其他引物组合无扩增结果，实验结果表明采集的线虫样本为南方根结线虫（图 12-1）。

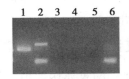

**图 12-1　线虫种类分子鉴定结果**

1：根结线虫（通用）；2：南方根结线虫；3：花生根结线虫；4：爪哇根结线虫；5：北方根结线虫；6：象耳豆根结线虫

## （二）苦瓜种质农艺性状及抗性指标变异情况分析

苦瓜种质农艺性状平均变异系数为 20.95%。单瓜重的变异系数为 30.51%，位居第一位，变异幅度几乎是均值的 2 倍；第一雌花节位、节间长、瓜纵径、瓜肉厚的变异系数均超过 20%，分别为 27.64%、26.74%、21.98% 和 23.93%。叶柄长、叶片宽、瓜横径的变异系数分别为 15.33%、14.42% 和 16.62%；叶片长的变异系数相对较小，为 11.36%。农艺性状变异情况分析结果表明供试苦瓜种质存在丰富的遗传多样性。另外，苦瓜种质卵粒指数和根结指数存在丰富的遗传变异，变异系数分别为 147.12% 和 93.22%，变异幅度分别是均值的 8 倍和 4 倍（表 12-3）。

表 12-3　苦瓜种质农艺性状及抗病指标变异情况

| 性状 | 最小值 | 最大值 | 均值 | 极差 | 标准差 | 变异系数（%） |
|---|---|---|---|---|---|---|
| 第一雌花节位（节） | 6 | 26 | 14 | 20 | 3.87 | 27.64 |
| 节间长（cm） | 5.00 | 15.10 | 9.35 | 10.10 | 2.50 | 26.74 |
| 叶柄长（cm） | 7.50 | 17.60 | 12.39 | 10.10 | 1.90 | 15.33 |
| 叶片长（cm） | 14.00 | 27.20 | 20.33 | 13.20 | 2.31 | 11.36 |
| 叶片宽（cm） | 15.80 | 31.50 | 23.16 | 15.70 | 3.34 | 14.42 |
| 瓜纵径（cm） | 12.20 | 49.60 | 31.30 | 37.40 | 6.88 | 21.98 |
| 瓜横径（cm） | 3.70 | 10.60 | 7.34 | 6.90 | 1.22 | 16.62 |
| 瓜肉厚（cm） | 0.60 | 2.30 | 1.17 | 1.70 | 0.28 | 23.93 |
| 单瓜重（kg） | 0.10 | 1.10 | 0.59 | 1.00 | 0.18 | 30.51 |
| 卵粒指数 | 0 | 33.33 | 3.99 | 33.33 | 5.87 | 147.12 |
| 根结指数 | 0.78 | 164.00 | 36.58 | 163.22 | 34.10 | 93.22 |

## （三）苦瓜种质对南方根结线虫抗性的聚类分析

有关研究表明采用 GI 指标进行聚类分析结果更具可靠性（贾双双等，2009）。采用 SPSS 16.0 软件，以 GI 为指标利用离差平方和法对供试苦瓜种质进行聚类分析，结果表明，在聚类重新标定距离为 2.0 时，可将 71 份供试苦瓜种质材料分为抗病、中抗、中感、感病和高感 5 类，其中 Y107、Y109、Y108、Y105、Y51、Y94、Y81、Y140、Y89、Y82、Y147、Y97、Y106、Y85、T2、Y149、Y122、Y121、Y57、Y123、Y88、Y100、Y127 和 Y124 为抗病材料，Y128、Y80、Y93、Y95、Y134、Y129、Y101、Y54、T8、Y71、Y3、Y96、Y52、Y7、Y120、46-1、38-1、Y9、Y92、Y72、Y46、Y45、Y2、Y74、Y77、Y86、T7、T1 为中抗材料，Y75、Y5、T5、Y49、47-1、Y41、Y42、41-1、Y48 为中感材料，T6、Y47、Y40、Y70、40-1、Y73、Y6、Y79 为感病材料，39-1、42-1 为高感材料（图 12-2）。

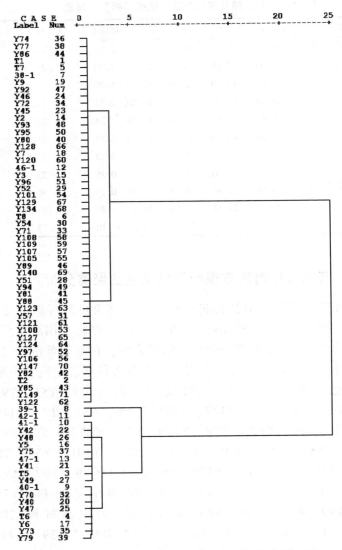

图 12-2　苦瓜种质抗南方根结线虫能力聚类分析

## （四）苦瓜种质抗南方根结线虫能力综合评价

　　计算不同苦瓜种质卵粒指数和根结指数隶属函数值，根据隶属函数总值可将供试苦瓜种质抗南方根结线虫能力进行排序（表12-4）。Y107和Y109隶属函数总值分别为1.9952和1.9905，接近2.00，表明其对南方根结线虫的抗性较强，Y5、42-1、41-1、39-1的隶属函数总值较低，均低于1.00，分别为0.9177、0.7273、0.5963和0.4755，说明其抗根结线虫的能力较差。根据隶属函数总值的大小，可得出供试苦瓜种质抗根结线虫能力依次为：Y107、Y109、Y108、Y51、Y105、Y81、Y89、Y140、Y94、Y97、Y85、Y147、Y106、Y57、T2、Y122、Y82、Y121、Y123、Y88、Y124、Y3、Y100、Y95、Y96、Y93、Y52、46-1、Y129、Y71、Y127、Y54、Y120、Y101、Y149、Y128、Y80、38-1、Y7、Y72、Y9、Y45、Y92、Y86、Y2、Y74、Y77、T1、Y134、Y46、47-1、T5、T8、Y49、Y42、T7、Y48、Y41、T6、Y73、Y47、Y6、40-1、Y75、Y70、Y79、Y40、Y5、42-1、41-1、39-1。

表12-4　南方根结线虫对苦瓜种质抗病指标隶属函数值的影响

| 编号 | 卵粒指数 | 卵块指数隶属函数值 | 根结指数 | 根结指数隶属函数值 | 总和 | 排名 |
|---|---|---|---|---|---|---|
| Y107 | 0.16 | 0.9952 | 0.78 | 1.0000 | 1.9952 | 1 |
| Y109 | 0.16 | 0.9952 | 1.54 | 0.9953 | 1.9905 | 2 |
| Y108 | 0.53 | 0.9841 | 1.60 | 0.9950 | 1.9791 | 3 |
| Y51 | 0.13 | 0.9961 | 3.59 | 0.9828 | 1.9789 | 4 |
| Y105 | 0.36 | 0.9892 | 2.54 | 0.9892 | 1.9784 | 5 |
| Y81 | 0.18 | 0.9946 | 4.41 | 0.9778 | 1.9724 | 6 |
| Y89 | 0.00 | 1.0000 | 6.75 | 0.9634 | 1.9634 | 7 |
| Y140 | 0.19 | 0.9943 | 6.39 | 0.9656 | 1.9599 | 8 |
| Y94 | 0.75 | 0.9775 | 3.88 | 0.9810 | 1.9585 | 9 |
| Y97 | 0.32 | 0.9904 | 9.19 | 0.9485 | 1.9389 | 10 |
| Y85 | 0.41 | 0.9877 | 10.12 | 0.9428 | 1.9305 | 11 |

（续表）

| 编号 | 卵粒指数 | 卵块指数隶属函数值 | 根结指数 | 根结指数隶属函数值 | 总和 | 排名 |
|---|---|---|---|---|---|---|
| Y147 | 0. 73 | 0. 9781 | 8. 82 | 0. 9507 | 1. 9288 | 12 |
| Y106 | 0. 97 | 0. 9709 | 9. 20 | 0. 9484 | 1. 9193 | 13 |
| Y57 | 0. 27 | 0. 9919 | 12. 89 | 0. 9258 | 1. 9177 | 14 |
| T2 | 0. 84 | 0. 9748 | 10. 26 | 0. 9419 | 1. 9167 | 15 |
| Y122 | 1. 01 | 0. 9697 | 11. 68 | 0. 9332 | 1. 9029 | 16 |
| Y82 | 2. 01 | 0. 9397 | 8. 04 | 0. 9555 | 1. 8952 | 17 |
| Y121 | 1. 10 | 0. 9670 | 12. 83 | 0. 9262 | 1. 8932 | 18 |
| Y123 | 1. 20 | 0. 9640 | 12. 91 | 0. 9257 | 1. 8897 | 19 |
| Y88 | 1. 45 | 0. 9565 | 12. 93 | 0. 9256 | 1. 8821 | 20 |
| Y124 | 1. 32 | 0. 9604 | 14. 51 | 0. 9159 | 1. 8763 | 21 |
| Y3 | 0. 00 | 1. 0000 | 23. 88 | 0. 8585 | 1. 8585 | 22 |
| Y100 | 2. 25 | 0. 9325 | 13. 16 | 0. 9242 | 1. 8566 | 23 |
| Y95 | 1. 16 | 0. 9652 | 19. 20 | 0. 8871 | 1. 8523 | 24 |
| Y96 | 0. 36 | 0. 9892 | 23. 99 | 0. 8578 | 1. 8470 | 25 |
| Y93 | 1. 83 | 0. 9451 | 18. 97 | 0. 8886 | 1. 8336 | 26 |
| Y52 | 0. 63 | 0. 9811 | 24. 87 | 0. 8524 | 1. 8335 | 27 |
| 46-1 | 0. 00 | 1. 0000 | 28. 30 | 0. 8314 | 1. 8314 | 28 |
| Y129 | 1. 28 | 0. 9616 | 22. 46 | 0. 8672 | 1. 8288 | 29 |
| Y71 | 1. 37 | 0. 9589 | 23. 43 | 0. 8612 | 1. 8201 | 30 |
| Y127 | 3. 47 | 0. 8959 | 13. 34 | 0. 9230 | 1. 8189 | 31 |
| Y54 | 1. 82 | 0. 9454 | 22. 93 | 0. 8643 | 1. 8097 | 32 |
| Y120 | 1. 04 | 0. 9688 | 26. 75 | 0. 8409 | 1. 8097 | 33 |
| Y101 | 2. 01 | 0. 9397 | 22. 48 | 0. 8671 | 1. 8067 | 34 |
| Y149 | 4. 58 | 0. 8626 | 10. 48 | 0. 9406 | 1. 8032 | 35 |
| Y128 | 3. 34 | 0. 8998 | 16. 88 | 0. 9014 | 1. 8012 | 36 |
| Y80 | 3. 21 | 0. 9037 | 17. 95 | 0. 8948 | 1. 7985 | 37 |
| 38-1 | 1. 01 | 0. 9697 | 30. 56 | 0. 8175 | 1. 7872 | 38 |
| Y7 | 2. 44 | 0. 9268 | 25. 93 | 0. 8459 | 1. 7727 | 39 |
| Y72 | 1. 31 | 0. 9607 | 33. 33 | 0. 8006 | 1. 7613 | 40 |

（续表）

| 编号 | 卵粒指数 | 卵块指数隶属函数值 | 根结指数 | 根结指数隶属函数值 | 总和 | 排名 |
|------|----------|--------------------|----------|--------------------|------|------|
| Y9 | 1.86 | 0.9442 | 31.06 | 0.8145 | 1.7587 | 41 |
| Y45 | 1.41 | 0.9577 | 34.15 | 0.7956 | 1.7532 | 42 |
| Y92 | 2.74 | 0.9178 | 31.96 | 0.8090 | 1.7268 | 43 |
| Y86 | 1.48 | 0.9556 | 42.96 | 0.7416 | 1.6972 | 44 |
| Y2 | 2.99 | 0.9103 | 35.82 | 0.7853 | 1.6956 | 45 |
| Y74 | 2.22 | 0.9334 | 40.00 | 0.7597 | 1.6931 | 46 |
| Y77 | 2.60 | 0.9220 | 40.00 | 0.7597 | 1.6817 | 47 |
| T1 | 1.25 | 0.9625 | 47.65 | 0.7128 | 1.6753 | 48 |
| Y134 | 7.55 | 0.7735 | 22.39 | 0.8676 | 1.6411 | 49 |
| Y46 | 5.43 | 0.8371 | 33.65 | 0.7986 | 1.6357 | 50 |
| 47-1 | 1.03 | 0.9691 | 60.19 | 0.6360 | 1.6051 | 51 |
| T5 | 3.13 | 0.9061 | 57.14 | 0.6547 | 1.5608 | 52 |
| T8 | 10.77 | 0.6769 | 23.08 | 0.8634 | 1.5402 | 53 |
| Y49 | 3.81 | 0.8857 | 58.10 | 0.6488 | 1.5345 | 54 |
| Y42 | 4.35 | 0.8695 | 65.22 | 0.6052 | 1.4747 | 55 |
| T7 | 9.76 | 0.7072 | 46.34 | 0.7209 | 1.4280 | 56 |
| Y48 | 5.56 | 0.8332 | 72.22 | 0.5623 | 1.3955 | 57 |
| Y41 | 8.45 | 0.7465 | 60.56 | 0.6337 | 1.3802 | 58 |
| T6 | 6.35 | 0.8095 | 79.12 | 0.5200 | 1.3295 | 59 |
| Y73 | 3.57 | 0.8929 | 94.44 | 0.4262 | 1.3191 | 60 |
| Y47 | 6.85 | 0.7945 | 82.19 | 0.5012 | 1.2957 | 61 |
| Y6 | 3.33 | 0.9001 | 100.00 | 0.3921 | 1.2922 | 62 |
| 40-1 | 6.06 | 0.8182 | 87.88 | 0.4664 | 1.2845 | 63 |
| Y75 | 15.00 | 0.5500 | 53.85 | 0.6749 | 1.2248 | 64 |
| Y70 | 9.09 | 0.7273 | 86.21 | 0.4766 | 1.2039 | 65 |
| Y79 | 7.27 | 0.7819 | 110.00 | 0.3308 | 1.1127 | 66 |
| Y40 | 14.29 | 0.5713 | 83.12 | 0.4955 | 1.0668 | 67 |
| Y5 | 25.00 | 0.2499 | 55.00 | 0.6678 | 0.9177 | 68 |
| 42-1 | 9.09 | 0.7273 | 164.00 | 0.0000 | 0.7273 | 69 |

| 编号 | 卵粒指数 | 卵块指数隶属函数值 | 根结指数 | 根结指数隶属函数值 | 总和 | 排名 |
|---|---|---|---|---|---|---|
| 41-1 | 33.33 | 0.0000 | 66.67 | 0.5963 | 0.5963 | 70 |
| 39-1 | 20.69 | 0.3792 | 148.28 | 0.0963 | 0.4755 | 71 |

# 三、结论与讨论

作物种质资源蕴含着极其丰富的遗传变异和各种性状的有利基因，是农业生产和育种工作的物质基础（朱岩芳等，2010）。抗病育种是防治根结线虫最为经济有效的措施，而抗性资源筛选是抗病育种的基础。随着根结线虫新的种群的不断出现，寻找新的抗性资源，减轻新的种群对生产造成的压力尤为重要。本试验结果表明，供试苦瓜种质接种南方根结线虫后，各材料间的相关抗性指标存在显著差异，抗性指标的变异系数均显著高于其他农艺性状的变异系数，进一步表明供试材料对南方根结线虫的抗性反应存在丰富的遗传多样性。

有关苦瓜对根结线虫的抗性鉴定标准，国外尚未见相关报道，国内有采用病情指数作为鉴定标准的报道。由于根结线虫侵染引发的苦瓜种质各指标变化并不一致（表12-3，表12-4），难于确定一个可靠准确的鉴定标准。聚类分析可根据一些能客观反映研究对象之间亲疏关系的统计量，按距离相近或性质相似的原则将供试材料进行分类，该方法在植物抗性材料筛选中已被广泛应用（桂连友等，2001）。相关研究表明采用根结指数指标进行聚类分析结果更具可靠性，本研究采用根结指数指标进行聚类分析，可将供试苦瓜种质资源分成抗病、中抗、中感、感病、高感5类。

聚类分析虽然可将供试材料进行类群区分，但无法比较种质间的抗性强弱。隶属函数是根据供试材料的相关指标进行无量纲运算后得到的数值，其所有指标的隶属函数总和，可反映该材料在所有供试材料中的地位,该方法被越来越多地应用于抗性筛选及评价(周广生等,2003;高青海等,2005)。本研究根据隶属函数总值大小对供试苦瓜材料的抗根结线虫能力进行了综合排名。其中,Y107、Y109、Y108、Y51、Y105、Y81、Y89、Y140 和 Y94 函数总值超过 1.95,对南方根结线虫表现高抗水平。Y5、42-1、41-1、39-1 的隶属函数总值较低,为易感根结线虫材料。

# 第十三章 苦瓜核心种质资源
# 比较构建研究

苦瓜（*Momordica charantia*）起源于非洲，属于葫芦科（Cucurbitaceae）苦瓜属（*Momordica*）蔓生草本植物，在亚洲、南美洲和非洲有着悠久的种植历史。苦瓜富含维生素、氨基酸及矿物质，营养成分丰富。此外，苦瓜所含的皂苷、多糖、小分子蛋白及黄酮类物质具有降低血糖含量、抑制肿瘤细胞增殖、增强人体免疫力和消炎等活性。随着消费者对苦瓜价值的深入认识和接受，也推动了苦瓜研究工作的深入开展。种质资源不仅包括栽培种，还包括近缘种和野生种，是种质创新和新品种选育的物质基础，蕴含着丰富的遗传多样性。遗传多样性和亲缘关系分析是种质资源评价的主要内容。前人对苦瓜种质资源遗传多样性进行了大量研究。温庆放等（2005）分析了 24 份苦瓜材料的亲缘关系，将供试材料分为 3 大类群。张长远等（2005）对国内外的 45 份苦瓜种质进行了亲缘关系分析，将 45 份苦瓜种质分为滑身苦瓜和麻点苦瓜，研究表明苦瓜种质存在一定的地域性差异。黄如葵等（2008）基于 28 个形态性状对 33 份苦瓜种质资源进行聚类分析，发现各组群间存在明显的地域性差异，中国苦瓜种质与印度、东南亚地区的种质资源间遗传距离较大。杨衍等（2009）对 36 份苦瓜种质资源进行遗传多样性和亲缘关系分析，结果表明供试材料存在广泛的遗传变异。康建坂等（2010）对 48 份苦瓜种质的遗传多样性进行分析，准确地将形态特征相似、亲缘关系极其密切的种质区分开来。张凤银等（2011）研究表明，苦瓜种质资源的形态学性状和营养成分具有丰富的多样性。陈禅友等（2013）对 30 份苦瓜种质进行了遗传多态性分析，发现苦瓜种质间的亲缘关系与地理分布和植物学性状特征等有一定关联。周坤华等（2013）对国内外不同栽培类型和野生资源共48份苦瓜材料进行了聚类分析，结果表明苦瓜种质资源遗传基础丰富，并能有效地区分栽培类群和野生类群。张燕等（2016）评价了51份苦瓜种质资源，明确了不同品系的表型特征和遗传多样性，筛选出了一些特异种质资源。

随着种质资源的不断收集和积累，庞大的数量不仅保存困难，而且筛选特异种质材料的难度不断加大，很难对其进行深入地研究并加以有效利用。因此，筛选具有多样性和代表性的一部分种质资源加以保存和研究，成为一个亟需解决的问题。Frankel 和 Brown 于 20 世纪80 年代提出了构建核心种质的理念，即在深入评价与鉴定种质资源的基础上，以最少的种质数量最大限度地保存整个群体的遗传变异。构建核心种质库不仅有利于种质库的管理，也是促进种质资源深入研究和有效利用的关键。以往研究主要基于性状表型值、分子标记、性状基因型值 3 种方法构建核心种质。性状表型值的测量具有直接、简便、易行的优点，被广泛应用于园艺植物核心种质库构建的研究（李国强等，2008；Mao et al.，2008；刘娟等，2015；刘遵春等，2010；胡建斌等，2013；李慧峰等，2013），但表型值受基因型、环境以及环境条件与基因型互作等多重影响，因此单纯依靠表型值来度量种质间的遗传差异具有一定的局限性。近年来，随着分子标记的发展，分子标记技术已被应用于核桃（王红霞等，2013）、甘蔗（齐永文等，2013）、番茄（邓学斌等，2015）等作物的核心种质构建。苦瓜基因组研究相对滞后，可以利用的序列资源及标记数量有限，依靠稳定、可靠、高通量的标记类型进行核心种质构建具有一定的局限性，国内外有关苦瓜核心种质库构建的研究鲜见报道。准确度量遗传材料间的遗传差异及理想的聚类和抽样方法是有效构建核心种质的关键所在。本研究利用 MLM（Mixed linear model）模型无偏预测苦瓜性状的基因型值，通过不同聚类法和抽样方法构建苦瓜核心种质，以期为苦瓜种质资源的收集、评价和高效利用提供理论依据。

# 一、材料与方法

## （一）材料

供试苦瓜种质资源共 154 份，20 份来自中国海南，18 份来自中国福建，25 份来自中国广东，10 份来自中国云南，10 份来自中国广西，5 份来自中国山东，8 份来自中国湖南，8 份来自中国江西，15 份来自泰国，20 份来自日本，5 份来自斯里兰卡，10 份来自印度（表 13-1）。不同种质间第一雌花节位、果实大小等性状存在显著差异。

表 13-1 苦瓜种质资源的来源

| 种质编号 | 来源 | 种质编号 | 来源 |
| --- | --- | --- | --- |
| Y1-Y20 | 日本 | Y94-Y103 | 云南 |
| Y21-Y25 | 山东 | Y104-Y111 | 湖南 |
| Y26-Y50 | 广东 | Y112-Y121 | 广西 |
| Y51-Y58 | 江西 | Y122-Y139 | 福建 |
| Y59-Y78 | 海南 | Y140-Y144 | 斯里兰卡 |
| Y79-Y93 | 泰国 | Y145-Y154 | 印度 |

## （二）方法

1. 材料种植和性状调查

试验于 2015 年 1 月初在中国热带农业科学院热带作物品种资源研究所试验基地进行育苗，1 月下旬进行田间移栽，按随机区组设计种植 154 份苦瓜种质资源，2 次重复，每个重复种植 6 株。2015 年 2—4 月参考《苦瓜种质资源描述规范与数据标准》（沈镝，2008）调查第 1 雌花节位、瓜纵径、瓜横径、瓜肉厚、单瓜质量。在同一生长季节完成农艺性状表型值的调查，避免了不同种植季节造成的误差。采用混合线性模型调整无偏预测法预测性状的基因型效应值（朱军，1993）。

2. 遗传距离计算与聚类分析

基于性状的基因型值，采用马氏距离方法计算不同苦瓜遗传材料间的遗传距离（Mahalanobis，1936）。基于遗传距离分别利用最短距离法、中间距离法、最长距离法、类平均法、重心法、可变类平均法、可变法以及离差平方和法进行聚类分析（裴鑫德，1991）。

3. 抽样与核心种质遗传变异评价

采用随机抽样法（胡晋等，2000）、优先抽样法（胡晋等，2001）和偏离度抽样法（徐海明等，2000）基于30%的抽样率分别构建苦瓜核心种质库。采用极差、方差、变异系数和均值等4个指标评价苦瓜核心资源库的优劣。$t$测验分析均值的差异性，$F$测验分析方差的差异性。

# 二、结果与分析

## （一）苦瓜资源主要数量性状变异情况

苦瓜种质资源主要数量性状的变异情况见表13-2。各性状变异系数平均值为23.75%。5个数量性状中，单瓜质量变异系数最大，为31.03%，变异幅度几乎是平均值的2倍；第1雌花节位变异系数为28.93%，位居第2位；瓜纵径最大值为49.60cm，最小值为10.60cm，变异系数为21.38%，位居第3位；瓜肉厚变异系数为20.69%；瓜横径最大值为10.60cm，最小值为1.40cm，变异系数在5个性状中最小，为16.74%。种质Y5、Y87、Y112、Y139、Y152性状优良，为苦瓜骨干材料。Y5纵径23~25cm，横径6.5~7.5cm，肉厚1.0cm左右，单果质量0.25~0.35kg，皮色油绿有光泽，短纺锤型，中早熟，强雌性系，耐寒性较强，中抗白粉病、枯萎病；Y87纵

径 30~35cm，横径 6.0~7.5cm，肉厚 1.5cm 左右，单果质量 0.50~
0.70kg，皮色油绿有光泽，长圆锥形，中晚熟，肉质致密，微苦，抗
枯萎病；Y112 纵径 20~25cm，横径 8.0~8.5cm，肉厚 1.5cm 左右，
单果质量 0.75~0.95kg，皮色油绿有光泽，晚熟，耐热性较强，中抗
白粉病、枯萎病；Y139 纵径 29~32cm，横径 6.0~7.0cm，肉厚
1.1cm 左右，单果质量 0.40~0.50kg，果实长圆锥形，油绿色，瘤粗
长，肉质脆，优质，抗病，雌性强，中熟，分枝性强。Y152 纵径
24~26cm，横径 5.5~6.0cm，肉厚 1.0cm 左右，单果质量 0.35~
0.39kg，瓜形整齐，肩部平整，早熟。

**表 13-2　苦瓜资源主要数量性状的变异情况**

| 性状 | 第 1 雌花节位 | 瓜纵径<br>（cm） | 瓜横径<br>（cm） | 瓜肉厚<br>（cm） | 单瓜质量<br>（kg） |
|---|---|---|---|---|---|
| 最小值 | 4 | 10.6 | 1.4 | 0.6 | 0.1 |
| 最大值 | 31 | 49.6 | 10.6 | 2.3 | 1.1 |
| 平均值 | 14 | 30.69 | 7.23 | 1.16 | 0.58 |
| 极差 | 27 | 39 | 9.2 | 1.7 | 1 |
| 标准差 | 4.05 | 6.56 | 1.21 | 0.24 | 0.18 |
| 变异系数 | 0.289 3 | 0.213 8 | 0.167 4 | 0.206 9 | 0.310 3 |

## （二）不同聚类方法构建的苦瓜核心种质比较

采用优先抽样法、马氏距离和 30% 的抽样比率，分别基于 8 种聚
类方法（最短距离法、中间距离法、最长距离法、类平均法、重心
法、可变法、可变类平均法和离差平方和法）构建苦瓜核心种质。
由表 13-3 可知，8 种聚类方法构建的核心种质的均值与原群体的差
异不显著（$P>0.05$），5 个性状的方差与原群体相比均得到不同程度
地提高，极差与原群体一致。利用最短距离法构建的核心种质，5 个
性状的方差均大于其他 7 种聚类方法，与原群体方差相比差异均达极
显著水平（$P<0.01$）。采用最长距离法和可变法构建的核心种质均有

4 个性状的方差与原群体相比差异达极显著水平。采用离差平方和法构建的苦瓜核心种质有 3 个性状的方差与原群体方差相比差异达极显著水平。采用中间距离法、重心法、可变类平均法构建的核心种质，分别有 2 个性状的方差与原群体的差异达极显著水平，采用类平均法构建的核心种质有 1 个性状的方差与原群体的差异达极显著水平。第 1 雌花节位、瓜纵径、瓜横径、瓜肉厚和单瓜质量 5 个性状原群体的极差分别为 27.0、39.0cm、9.2cm、1.7cm 和 1.0kg，各性状 8 种聚类方法构建的核心种质的极差与原群体的完全一致。8 种聚类方法构建的核心种质所有 5 个性状的变异系数均高于原群体；采用最短距离法构建的苦瓜核心种质所有 5 个性状的变异系数均高于其他 7 种聚类方法。综合以上分析结果，采用最短距离法构建的苦瓜核心种质与其他聚类方法相比具有较大的遗传差异，5 个性状的变异系数均最大，明显优于其他 7 种聚类方法。

表 13-3　不同聚类方法构建的苦瓜核心种质与原群体间遗传差异比较

| 性状 | 分析指标 | 原群体 | 核心种质 | | | | | | | |
|------|---------|--------|------|------|------|------|------|------|------|------|
| | | | H1 | H2 | H3 | H4 | H5 | H6 | H7 | H8 |
| 第 1 雌花节位 | 均值 | 13.66 | 13.78 | 14.33 | 14.07 | 13.80 | 14.41 | 14.15 | 14.22 | 13.93 |
| | 方差 | 16.436 | 30.618 ** | 30.402 ** | 28.773 ** | 29.183 ** | 27.314 * | 28.799 ** | 29.063 ** | 29.129 ** |
| | 变异系数 | 0.297 | 0.401 | 0.385 | 0.381 | 0.391 | 0.363 | 0.379 | 0.379 | 0.387 |
| 瓜纵径 | 均值（cm） | 30.69 | 29.69 | 29.83 | 29.70 | 28.76 | 30.01 | 30.00 | 30.18 | 30.15 |
| | 方差 | 43.074 | 78.911 ** | 74.871 ** | 61.356 | 65.589 * | 68.444 * | 67.415 * | 70.856 * | 68.566 * |
| | 变异系数 | 0.214 | 0.299 | 0.290 | 0.264 | 0.282 | 0.276 | 0.274 | 0.279 | 0.275 |
| 瓜横径 | 均值（cm） | 7.23 | 7.27 | 7.19 | 7.23 | 7.11 | 7.29 | 7.27 | 7.13 | 7.17 |
| | 方差 | 1.468 | 2.929 ** | 2.648 ** | 2.699 ** | 2.685 ** | 2.744 ** | 2.544 ** | 2.652 ** | 2.604 ** |
| | 变异系数 | 0.168 | 0.235 | 0.226 | 0.227 | 0.230 | 0.227 | 0.220 | 0.228 | 0.225 |
| 瓜肉厚 | 均值（cm） | 1.16 | 1.19 | 1.18 | 1.21 | 1.17 | 1.18 | 1.17 | 1.13 | 1.19 |
| | 方差 | 0.058 | 0.109 ** | 0.101 ** | 0.091 * | 0.091 * | 0.096 * | 0.097 * | 0.100 ** | 0.103 ** |
| | 变异系数 | 0.207 | 0.277 | 0.270 | 0.250 | 0.257 | 0.262 | 0.265 | 0.266 | 0.269 |

（续表）

| 性状 | 分析指标 | 原群体 | 核心种质 | | | | | | | |
| | | | H1 | H2 | H3 | H4 | H5 | H6 | H7 | H8 |
| --- | --- | --- | --- | --- | --- | --- | --- | --- | --- | --- |
| 单瓜质量 | 均值（kg） | 0.58 | 0.59 | 0.57 | 0.57 | 0.55 | 0.59 | 0.58 | 0.57 | 0.57 |
| | 方差 | 0.034 | 0.068** | 0.055* | 0.056* | 0.052* | 0.054* | 0.052* | 0.058** | 0.055* |
| | 变异系数 | 0.315 | 0.447 | 0.412 | 0.413 | 0.415 | 0.395 | 0.390 | 0.424 | 0.412 |

注：① H1~H8 分别表示基于最短距离法、最长距离法、中间距离法、重心法、类平均法、可变类平均法、可变法以及离差平方和法构建的核心种质；②相同性状的核心种质与原群体的均值差异均不显著（$P>0.05$）；③ * 或 ** 分别代表相同性状的核心种质与原群体的方差差异达到显著（$P<0.05$）或极显著水平（$P<0.01$）

## （三）不同抽样方法构建的苦瓜核心种质比较

采用最短距离法、马氏距离和 30% 的抽样率，分别基于随机抽样、优先抽样和偏离度抽样方法构建苦瓜核心种质库，结果见表 13-4。由表 13-4 可知，利用这 3 种抽样方法构建的苦瓜核心种质的均值与原群体均值相比没有显著性差异。基于 3 种抽样方法构建的苦瓜核心种质，5 个性状的方差与原群体相比均得到不同程度地提高。采用优先抽样与偏离度抽样 2 种方法构建的苦瓜核心种质，所有 5 个性状的方差均极显著地高于原群体（$P<0.01$）。采用偏离度抽样法构建的苦瓜核心种质，有 3 个性状（瓜横径、瓜肉厚和单瓜质量）的方差高于其他 2 种抽样法。采用优先抽样与偏离度抽样构建的核心种质的极差与原群体一致，采用随机抽样法构建的核心种质瓜纵径的极差低于原群体。与原群体相比，采用 3 种抽样方法构建的苦瓜核心种质 5 个性状的变异系数均有不同程度地提高，基于偏离度抽样法构建的苦瓜核心种质，其中 3 个性状（第一雌花节位、瓜横径和瓜肉厚）的变异系数高于其他两种抽样法。综合以上，与优先抽样和随机抽样相比，采用偏离度抽样法构建的苦瓜核心种质具有相对较大的遗传差异。

**表 13-4　不同抽样方法构建的苦瓜核心种质与原群体间遗传变异比较**

| 性状 | 分析指标 | 原群体 | 核心种质 | | |
| --- | --- | --- | --- | --- | --- |
| | | | $F_1$ | $F_2$ | $F_3$ |
| 第1雌花节位 | 均值 | 13.66 | 13.61 | 13.78 | 12.91 |
| | 极差 | 27.0 | 27.0 | 27.0 | 27.0 |
| | 方差 | 16.436 | 30.688** | 30.618** | 29.948** |
| | 变异系数 | 0.297 | 0.407 | 0.401 | 0.424 |
| 瓜纵径 | 均值（cm） | 30.69 | 29.41 | 29.69 | 30.08 |
| | 极差（cm） | 39.0 | 32.6 | 39.0 | 39.0 |
| | 方差 | 43.074 | 67.341* | 78.911** | 76.956** |
| | 变异系数 | 0.214 | 0.279 | 0.299 | 0.292 |
| 瓜横径 | 均值（cm） | 7.23 | 7.22 | 7.27 | 7.36 |
| | 极差（cm） | 9.2 | 9.2 | 9.2 | 9.2 |
| | 方差 | 1.468 | 2.990** | 2.929** | 3.215** |
| | 变异系数 | 0.168 | 0.240 | 0.235 | 0.244 |
| 瓜肉厚 | 均值（cm） | 1.16 | 1.18 | 1.19 | 1.22 |
| | 极差（cm） | 1.7 | 1.7 | 1.7 | 1.7 |
| | 方差 | 0.058 | 0.110** | 0.109** | 0.119** |
| | 变异系数 | 0.207 | 0.281 | 0.277 | 0.284 |
| 单瓜质量 | 均值（kg） | 0.58 | 0.57 | 0.59 | 0.60 |
| | 极差（kg） | 1.0 | 1.0 | 1.0 | 1.0 |
| | 方差 | 0.034 | 0.066** | 0.068** | 0.070** |
| | 变异系数 | 0.315 | 0.454 | 0.447 | 0.442 |

注：① $F_1 \sim F_3$ 分别表示基于随机抽样、优先抽样和偏离度抽样方法构建的核心种质；②相同性状的核心种质与原群体的均值差异均不显著（$P > 0.05$）；③ * 或 ** 分别代表相同性状的核心种质与原群体的方差差异达到显著（$P < 0.05$）或极显著水平（$P < 0.01$）

## （四）苦瓜核心种质构建的结果

采用最短距离法、马氏距离、30% 的抽样率和偏离度抽样法构建苦瓜核心种质，获取了 46 份核心种质，编号为：Y5、Y7、Y16、Y39、Y43、Y47、Y48、Y50、Y58、Y60、Y66、Y69、Y72、Y74、

Y77、Y83、Y85、Y86、Y87、Y90、Y96、Y100、Y101、Y102、Y108、Y112、Y113、Y115、Y119、Y120、Y121、Y122、Y124、Y125、Y131、Y134、Y139、Y140、Y141、Y142、Y144、Y146、Y147、Y149、Y150、Y153。核心种质5个性状的均值与原群体相比没有显著差异，5个性状的方差均极显著地高于原群体，保存了原群体的极差。与原群体相比，苦瓜核心种质所有5个性状的变异系数均有不同程度地提高，获取的46份核心种质能够代表苦瓜原群体的遗传多样性。入选的核心种质Y5、Y87、Y112和Y139为苦瓜骨干材料，表明利用该方法构建苦瓜核心种质的有效性。入选的核心种质Y153与骨干材料Y152来源于同一地区，农艺性状十分相似，Y153与其他种质的遗传差异大于Y152，因此利用Y153取代骨干材料Y152配制杂交组合，能够更好地利用杂种优势，推动苦瓜种质资源的高效利用。另外，来自云南、广西壮族自治区、印度、斯里兰卡的苦瓜种质入选核心种质的比例较高（表13-5），说明来源于这些地区的苦瓜资源具有丰富的遗传多样性。

表13-5　不同来源地苦瓜种质入选核心种质所占比例

| 来源地 | 收集种质总数 | 入选核心种质数量 | 占比（%） |
|---|---|---|---|
| 日本 | 20 | 3 | 15.0 |
| 山东 | 5 | 0 | 0 |
| 广东 | 25 | 5 | 20.0 |
| 江西 | 8 | 1 | 12.5 |
| 海南 | 20 | 6 | 30.0 |
| 泰国 | 15 | 5 | 33.3 |
| 云南 | 10 | 4 | 40.0 |
| 湖南 | 8 | 1 | 12.5 |
| 广西 | 10 | 6 | 60.0 |
| 福建 | 18 | 6 | 33.3 |
| 斯里兰卡 | 5 | 4 | 80.0 |
| 印度 | 10 | 5 | 50.0 |
| 合计 | 154 | 46 | 29.9 |

# 三、结论与讨论

作物种质资源内蕴含着丰富的遗传变异，是农业生产和新品种选育的物质基础（朱岩芳等，2010）。构建核心种质库对新种质收集、种质繁殖更新及种质资源的高效利用具有重要意义。表型值不仅受基因型控制，还受环境条件的影响，基于农艺性状表型值进行遗传分类不能够准确度量种质间的遗传差异，种质资源固有的遗传结构不能够被真实地反映（Tanksley et al., 1997）。采用统计模型进行性状的基因型值预测，可以有效排除环境效应、基因型与环境的互作效应及试验误差。李长涛等（2004）以 992 份水稻品种为材料，基于 13 个农艺性状表型数据，采用调整无偏预测法预测水稻性状的基因型值，成功构建了水稻核心种质。马洪文等（2013）以 250 份粳稻为研究材料，基于 7 个数量性状的基因型预测值，有效构建了粳稻核心种质。本研究采用 MLM 无偏预测苦瓜 5 个性状的基因型效应值并计算种质间的遗传距离，从而进行聚类分析，结果更准确可靠。

为确保核心资源尽可能多地保存原种质群体的遗传结构，首先需要对原群体进行遗传分类。聚类分析常应用于种质资源的分类、亲缘关系及遗传多样性分析（Peeters et al., 1989）。聚类方法主要包括最长距离法、最短距离法、中间距离法、可变类平均法、类平均法、重心法、离差平方和法和可变法等。本研究比较了 8 种聚类方法和 3 种抽样方法构建的苦瓜核心种质的优劣。研究结果表明，8 种聚类方法中，采用最短距离法构建的苦瓜核心种质具有相对较大的遗传变异，能使 5 个农艺性状的方差和变异系数最大化，明显优于其他 7 种聚类方法，这与刘遵春等（2010）、李慧峰等（2013）、马洪文等（2012）的研究结果一致；3 种抽样方法中，偏离度抽样法构建的苦瓜核心种质所有 5 个性状的方差均大于其他 2 种抽样方法，并且核心种质的极差与原群体一致，优于随机抽样法和优先抽样法，这与李长涛等（2004）和马洪文等（2013）的研究结果一致。

　　通常采用分析性状的方差、均值、变异系数、极差等参数对核心种质的遗传变异进行评价。有效的核心种质各性状的均值与极差应与原群体无显著性差异，方差和变异系数应大于原群体（Diwan et al.，1995）。本研究采用马氏距离、最短距离法聚类、30%的抽样率和偏离度抽样法构建了苦瓜核心种质，核心种质的均值与原群体没有显著差异，所有 5 个性状的方差和变异系数均比原群体有不同程度地提高，且变异幅度与原群体一致，获取的 46 份苦瓜核心资源保持了原群体的遗传多样性。其中来自云南、广西、印度、斯里兰卡的苦瓜种质入选核心种质的比例较高，具有丰富的遗传多样性，也进一步说明了苦瓜可能起源于印度及东南亚热带地区。在前期研究中培育的 5 份骨干材料中有 4 份材料入选核心种质。利用优良种质材料 Y5、Y87、Y112、Y139 配制了一系列杂交组合，其中，Y5×Y87、Y112×Y87、Y112×Y139 组合综合性状表现良好。在今后的研究过程中，会进一步选取亲缘关系较远的核心材料配制杂交组合，培育优良苦瓜新品种。

# 第十四章 苦瓜核心种质亲缘 关系比较分析

　　植物种质资源为栽培品种改良、新品种选育及遗传生物学研究提供丰富的遗传变异，是生物遗传多样性的重要组成部分，是农业起源和发展的基本前提，是实现各个育种途径的原始材料，在很大程度上决定了育种的效果（朱岩芳等，2010）。苦瓜跟其他园艺作物一样，其突破性的育种成就取决于关键性种质资源的开发和利用。要选育出高品质的苦瓜品种必须具有广泛的种质资源来源，另外，还必须对所收集的种质资源进行有效地鉴定、评价，从而提高苦瓜种质资源在新品种选育上的利用价值。遗传多样性及亲缘关系分析是种质资源评价的主要内容。遗传多样性是作物对环境变化适应能力的表现，体现在形态、细胞学及生理生化等方面（张嘉楠等，2010）。农艺性状的遗传多样性及种质间的亲缘关系分析对种质资源挖掘利用具有重要意义。截至目前，有关苦瓜农艺性状遗传多样性及核心种质亲缘关系分析的研究鲜有报道。为了充分挖掘优异苦瓜资源和引进新的种质资源，拓宽遗传基础，提高苦瓜资源遗传多样性，规范种质资源的收集、整理和保存，本研究通过对 141 份苦瓜种质资源 13 个农艺性状进行数据采集，分析不同性状的遗传多样性；另外以前期构建的苦瓜核心种质资源为研究对象，基于性状的表型值和基因型值比较分析种质间的亲缘关系，以期为我国苦瓜种质资源的收集、亲缘关系鉴定、种质资源的保护与利用以及遗传育种提供参考。

# 一、材料与方法

## （一）试验材料和基因型值预测

供试苦瓜种质资源共 141 份，20 份来自中国海南，15 份来自中国福建，15 份来自中国广东，10 份来自中国云南，10 份来自中国广西壮族自治区，5 份来自中国山东，8 份来自中国湖南，8 份来自中国江西，15 份来自泰国，20 份来自日本，5 份来自斯里兰卡，10 份来自印度。将苦瓜种质按照随机区组设计种植于中国热带农业科学院热带作物品种资源研究所 8 队试验基地，3 次重复，参考《苦瓜种质资源描述规范与数据标准》（沈镝，2008）调查叶缘、瓜形、皮色、瓜瘤类型、第一雌花节位、节间长、叶柄长、叶片长、叶片宽、瓜纵径、瓜横径、瓜肉厚、单瓜重共 13 个农艺性状。

采用混合线性模型分析方法无偏地预测苦瓜种质资源农艺性状的基因型值（朱军，1993），基于最短距离聚类法、偏离度抽样法获取了 46 份苦瓜核心资源（表 14-1）。46 份苦瓜核心种质的第一雌花节位、瓜纵径、瓜横径、瓜肉厚、单瓜重共 5 个性状的表型值和基因型值用于核心种质间的亲缘关系分析。

表 14-1　苦瓜核心种质来源

| 来源 | 核心种质数量 | 来源 | 核心种质数量 |
| --- | --- | --- | --- |
| 日本 | 3 | 云南 | 4 |
| 广东 | 5 | 湖南 | 1 |
| 江西 | 1 | 广西 | 6 |
| 海南 | 6 | 福建 | 6 |
| 泰国 | 5 | 斯里兰卡 | 4 |
| 印度 | 5 | | |

## （二）农艺性状遗传多样性分析

苦瓜资源农艺性状分为数量性状和质量性状两类，采用 SAS 9.0 统计软件分析数量性状的最小值、最大值、平均值、变异幅度、标准差、变异系数。质量性状的描述和分组见表 14-2，统计各组的分布频率，计算遗传多样性指数。遗传多样性指数 $H' = -\sum P_i \ln P_i$，其中 $P_i$ 为某一性状第 $i$ 级内材料份数占总份数的百分比（赵香娜等，2008）。

**表 14-2　苦瓜资源质量性状的描述分组**

| 性状 | 分组 | | | | | | | |
|---|---|---|---|---|---|---|---|---|
| | 0 | 1 | 2 | 3 | 4 | 5 | 6 | 7 |
| 叶缘 | | 全缘 | 波状 | 锯齿 | | | | |
| 瓜形 | | 短棒 | 长棒 | 短纺锤 | 长纺锤 | 短圆锥 | 长圆锥 | 近球形 |
| 皮色 | | 白 | 白绿 | 黄绿 | 浅绿 | 绿 | 深绿 | 墨绿 |
| 瓜瘤类型 | 无 | 粒 | 条 | 粒条相间 | 刺 | | | |

## （三）聚类分析

采用 SPSS 9.0 统计分析软件分别基于 5 个性状的表型值和基因型值对 46 份苦瓜核心种质资源进行聚类分析，构建聚类图。种质间的遗传距离采用欧氏距离法进行计算（徐海明等，2004）。

# 二、结果与分析

## （一）质量性状的遗传多样性

苦瓜种质资源主要质量性状的遗传多样性情况见表 14-3，其中瓜形遗传多样性指数最高为 1.34，以短棒形分布频率最高，为 39.72%，长棒形次之，为 36.17%。皮色多样性指数为 1.27，以绿色分布频率最高, 为 60.28%。瓜瘤类型多样性指数为 1.01, 以条型所占比例最大, 为 57.45%, 刺型次之, 为 22.69%。叶缘多样性指数为 0.46, 以锯齿型分布频率最高, 为 82.98%。

表 14-3　苦瓜资源质量性状频率分布和多样性

| 性状 | 频率分布（%） | | | | | | | | |
|---|---|---|---|---|---|---|---|---|---|
| | 0 | 1 | 2 | 3 | 4 | 5 | 6 | 7 | H' |
| 叶缘 | | 0 | 17.02 | 82.98 | | | | | 0.46 |
| 瓜形 | | 39.72 | 36.17 | 14.18 | 4.96 | 2.84 | 2.13 | 0 | 1.34 |
| 皮色 | | 4.96 | 15.62 | 0 | 6.38 | 60.28 | 7.80 | 4.96 | 1.27 |
| 瓜瘤类型 | 0 | 0.71 | 57.45 | 19.15 | 22.69 | | | | 1.01 |

## （二）数量性状的遗传多样性

苦瓜种质资源数量性状的变异情况见表 14-4。各性状变异系数平均值为 20.02%。9 个数量性状中, 叶柄长、叶片长、叶片宽、瓜横径的遗传多样性指数最大, 为 4.94, 变异系数分别为 14.45%、12.11%、13.45%和 14.88%；瓜纵径和瓜肉厚遗传多样性指数均为 4.93, 位居第二位, 变异系数分别为 19.54%和 20.69%；第一雌花节位最小为 4, 最大为 31, 变异幅度几乎是平均值的 2 倍, 遗传多样性指数为 4.91, 与节间长一致；单瓜重最大为 1.1kg, 最小为 0.10kg, 变异幅度几乎是平均值的 2 倍, 变异系数达 28.81%。

表 14-4　苦瓜资源数量性状的变异情况

| 性状 | 最小值 | 最大值 | 平均值 | 极差 | 标准差 | 变异系数（%） | 多样性指数 |
|---|---|---|---|---|---|---|---|
| 第一雌花节位（节） | 4 | 31 | 14 | 27 | 4.08 | 29.14 | 4.91 |
| 节间长（cm） | 5.00 | 17.50 | 9.64 | 12.50 | 2.61 | 27.07 | 4.91 |
| 叶柄长（cm） | 7.10 | 17.60 | 12.32 | 10.50 | 1.78 | 14.45 | 4.94 |

（续表）

| 性状 | 最小值 | 最大值 | 平均值 | 极差 | 标准差 | 变异系数（%） | 多样性指数 |
|---|---|---|---|---|---|---|---|
| 叶片长（cm） | 13.10 | 27.30 | 20.40 | 14.20 | 2.47 | 12.11 | 4.94 |
| 叶片宽（cm） | 15.80 | 31.60 | 23.28 | 15.80 | 3.13 | 13.45 | 4.94 |
| 瓜纵径（cm） | 11.20 | 49.60 | 30.96 | 38.40 | 6.05 | 19.54 | 4.93 |
| 瓜横径（cm） | 3.70 | 10.60 | 7.26 | 6.90 | 1.08 | 14.88 | 4.94 |
| 瓜肉厚（cm） | 0.60 | 2.30 | 1.16 | 1.70 | 0.24 | 20.69 | 4.93 |
| 单瓜重（kg） | 0.10 | 1.10 | 0.59 | 1.00 | 0.17 | 28.81 | 4.90 |

## （三）苦瓜核心种质亲缘关系比较分析

基于 5 个数量性状（第一雌花节位、瓜纵径、瓜横径、瓜肉厚、单瓜重）的表型值计算苦瓜核心种质间的遗传距离，不同种质间遗传距离变幅为 1.38～40.76，其中 Y86 和 Y121、Y7 和 Y120、Y141 和 Y150、Y115 和 Y149、Y16 和 Y144、Y101 和 Y121、Y83 和 Y112、Y74 和 Y134、Y115 和 Y125 间遗传距离较小，遗传距离分别为 1.38、1.44、1.46、1.47、1.49、1.70、1.74、1.98 和 2.02。Y69 和 Y147、Y69 和 Y146、Y69 和 Y139、Y69 和 Y153、Y113 和 Y147、Y69Y 和 108、Y113 和 Y146、Y47 和 Y147、Y50 和 Y147、Y113 和 Y139、Y77 和 Y147、Y43 和 Y142 间的遗传距离较大，遗传距离分别为 40.76、38.46、37.99、37.01、33.86、33.34、32.48、31.96、31.85、31.51、31.29 和 31.04。同样基于这 5 个数量性状的基因型值计算苦瓜核心种质间的遗传距离，在供试的 46 份核心材料中，不同种质间遗传距离变幅为 0.84～10.71。其中 Y7 和 Y120、Y47 和 Y113、Y72 和 Y149、Y72 和 Y100、Y58 和 Y149、Y119 和 Y144、Y101 和 Y121 间遗传距离较小，遗传距离分别为 0.84、0.88、0.92、1.03、1.09、1.10 和 1.11，表明这些材料间亲缘关系相对较近。Y134 和 Y147、Y108 和 Y134、Y134 和 Y146、Y134 和 Y153、Y102

和 Y147、Y69 和 Y147、Y47 和 Y147、Y102 和 Y153 间遗传距离较大，遗传距离分别为 10.71、9.99、9.97、9.94、9.40、9.31、9.24和 9.09，表明这些材料间亲缘关系较远。综合以上分析结果发现，基于性状表型值和基因型值衡量种质间的亲缘关系存在显著不同，这可能因为用于分析的 5 个农艺性状属于数量性状，数量性状的表型值是基因型、基因型与环境互作及环境相互作用的结果，为了准确度量种质间的遗传差异，应排除环境效应、随机误差的影响。因此基于 5个农艺性状的基因型值进行聚类分析结果更具可靠性。从聚类结果可以看出，苦瓜核心种质间遗传差异显著，存在丰富的遗传多样性，在聚类重新标定距离为 8.5 时，46 份苦瓜核心种质被分为 17 个类群，第 1 个类群包括 23 份种质，分别为 Y5、Y7、Y16、Y43、Y47、Y48、Y58、Y72、Y74、Y83、Y85、Y86、Y100、Y101、Y113、Y115、Y119、Y120、Y121、Y125、Y131、Y144、Y149，表明这 23份种质亲缘关系相对较近；第 2 类群包括 6 份种质，分别为 Y39、Y77、Y90、Y96、Y124、Y140，表明这 6 份种质亲缘关系相对较近；第 3 类群包括 1 份种质，为 Y50；第 4 类群包括 1 份种质，为 Y60；第 5 类群包括 1 份种质，为 Y66；第 6 类群包括 1 份种质，为 Y69；第 7 类群包括 1 份种质，为 Y87；第 8 类群包括 1 份种质，为 Y102；第 9 类群包括 1 份种质，为 Y108；第 10 类群包括 2 份种质，为 Y112和 Y122；第 11 类群包括 1 份种质，为 Y134；第 12 类群包括 1 份种质，为 Y139；第 13 类群包括 2 份种质，为 Y141 和 Y150，表明这 2份种质亲缘关系相对较近；第 14 类群包括 1 份种质，为 Y142；第 15类群包括 1 份种质，为 Y146；第 16 类群包括 1 份种质，为 Y147；第17 类群包括 1 份种质，为 Y153；第 3、第 4、第 5、第 6、第 7、第8、第 9、第 11、第 12、第 14、第 15、第 16 类群和第 17 类群分别由1 份种质材料组成，表明这 13 份种质与其余种质亲缘关系较远（图14-1）。

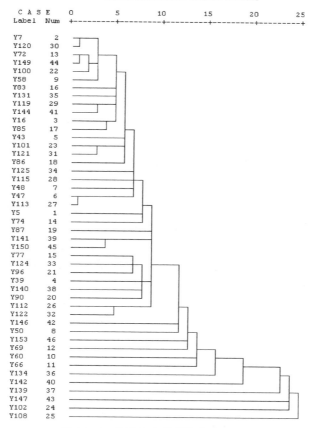

图 14-1　苦瓜核心种质聚类分析图

# 三、结论与讨论

植物种质资源是人类用以选育新品种和发展农业的物质基础（孙亚东等，2009）。在苦瓜漫长的传播、演化过程中，其皮色、瓜瘤性状、果实大小等农艺性状都有极大的差异，形成了丰富多彩的苦瓜品种和类型，遗传多样性分析是植物种质资源研究、评价与鉴定的主要内容之一。苦瓜在各种生态环境中形成了很多种变异类型，不同的性状在不同的材料之间表现出了不同程度的多样性。对苦瓜资源进行农艺性状遗传多样性分析，可以为杂种优势利用、亲本的选配、种质资源的利用与创新和新品种的培育提供科学依据，为不同地域间的相互引种提供指导（王振东等，2010）。本研究分析了苦瓜 13 个农艺性状的遗传多样性，4 个质量性状的遗传多样性变幅为 0.46 ~ 1.34，9 个数量性状的遗传多样性指数均超过了 4.9，该结果表明苦瓜种质存在丰富的遗传多样性。本研究结果有利于对苦瓜优异种质资源进行创新利用，下一步结合常规育种和分子聚合育种，更有利于拓宽苦瓜遗传背景、培育出更多优质新品种。

Frankel 和 Brown 于 1984 年最早提出核心种质的概念，认为核心种质是种质资源的一个核心子集，能够以最少数量的遗传资源最大限度地保存整个资源群体的遗传多样性。因此核心种质可以作为种质资源研究和利用的切入点，可以大大提高整个种质库的管理和利用水平。农艺性状的鉴定和描述是种质资源研究的最基本的方法（He et al.，2003），具有直接、简便、易行的优点（罗燕等，2010）。在前期的工作中，本研究室从 154 份苦瓜种质中抽取 46 份材料构建了苦瓜核心种质库。为了促使苦瓜种质资源得到更合理的保护和利用，本研究基于性状表型值和基因型值对 46 份苦瓜核心种质资源进行亲缘关系比较分析，两种分析结果存在一定偏差，可能由于用于分析的农艺性状为数量性状，表型值受环境条件影响较大，同时，也受观察者的实践经验等主观因素的影响。通过选择遗传力较高的性状对种质进行描述，制定细致的形态性状描述标准，可有效弥补形态性状分析的不足（苗锦山等，2010）。本研究利用5个农艺性状的基因型效应值对46份苦瓜核心种质进行亲缘关系分析，不同种质间遗传距离变幅为0.84~10.71，表明这些核心材料间遗传差异较大。聚类分析结果表明，在聚类重新标定距离为8.5时，46份苦瓜核心种质被分为17个类群，第3、第4、第5、第6、第7、第8、第9、第11、第12、第14、第15、第16和第17类群分别由1份种质材料组成，表明这13份种质与其余种质亲缘关系较远。可以选取亲缘关系较远的核心材料配制杂交组合，选育杂种优势显著的苦瓜新品种。本研究为苦瓜种质资源的挖掘利用、提高育种效率和指导遗传改良提供了重要信息。

# 第十五章　小型西瓜核心种质
## 比较构建研究

西瓜（*C. lanatus*）属于葫芦科（Cucurbitaceae）西瓜属（*Citrullus*）一年生蔓性草本植物，起源于南非（Guo et al., 2013）。西瓜是重要的瓜类作物，每年全球产量大约 9 000万 t。西瓜果实含有丰富的营养成分，包括糖、番茄红素和促进心血管健康的氨基酸，像瓜氨酸、精氨酸和谷胱甘肽（Hayashi et al., 2005；Collins et al., 2007；Perkins-Veazie et al., 2006）。随着人民生活水平的提高，饮食习惯的变化和种植结构的调整，西瓜栽培面积逐渐扩大，已成为增加农民收入和促进农村经济发展的重要作物之一。选育适应不同生态地区、栽培模式和市场需求的西瓜新品种是当今西瓜育种的主要任务。小型西瓜外形美观，单瓜重为 1.0~2.5kg，含糖量可达 13%~14%，肉质多汁脆甜，因其品质优良，早熟，市场价格较高，经济价值远远高于普通西瓜，种植面积呈现逐年增长的趋势。

种质资源是新品种选育和种质创新的重要物质基础。目前，全世界已有各类植物种质资源610多万份。面对庞大的种质资源数量，不仅保存困难，而且很难对其进行深入地研究并加以有效利用。另外，育种工作并未伴随种质资源份数的巨大增长而取得重大进展。因此，从众多种质资源中筛选出数量有限的具有多样性和代表性的一部分种质，利用有限的时间、财力和人力对其加以保存和研究，提高其利用效率，已成为一个亟需解决的问题。为解决这一问题，Frankel 首先提出并与 Brown 等完善了核心种质的概念，即通过一定的方法从整个种质资源库中选取一部分样本，以最少的种质数量，尽可能最大程度的代表整个资源的多样性。1992 年在巴西召开了关于核心种质的国际会议，会上对核心种质的概念、建立步骤以及今后的研究方向进行了讨论（李自超等，1999）。核心种质的提出，为种质资源的研究和利用提供了便利。

近年来，核心种质研究蓬勃发展，先后对芝麻（Zhang et al.，2000）、野生大豆（董英山，2000）、水稻（Zhang et al.，2011）、多年生黑麦草（Charmet et al.，1995）、花生（Holbrook et al.，1995）等多种作物构建了初级核心种质库或核心种质库。园艺作物核心种质研究起步较晚，瓜类作物核心种质的研究基本上还是空白。随着园艺作物育种目标的多元化发展，核心种质的研究及创建显得尤为重要。加强种质资源评价和核心种质构建是有效开发和利用优异基因、促使育种取得突破性进展的关键。准确度量不同种质间的遗传相似程度以及合理高效的抽样方法是构建核心种质的关键。本研究将对采用不同遗传距离及不同抽样方法构建的小型西瓜核心种质进行评价，有效构建小型西瓜核心种质，以期为西瓜种质资源的高效利用和新品种选育提供理论依据。

# 一、材料与方法

## （一）材料和基因型值预测

将410份小型西瓜种质资源按田间行列编号顺序种植，以一定间隔穿插对照种质，利用对照种质控制田间不同位置的差异，连续进行2年试验，参考《西瓜种质资源描述规范与数据标准》调查6个果实性状（果实重量、果实长度、果实宽度、果皮厚度、心糖和边糖）。采用朱军提出的混合线性模型统计分析方法进行统计分析，利用调整无偏预测法无偏预测基因型效应值。

## （二）遗传距离计算与聚类分析

采用马氏距离和欧氏距离基于基因型预测值计算不同种质间的遗

传距离，并进行聚类分析。假设共有 n 份种质资源，采用 m 个性状进行聚类。第 $i$ 个种质与第 $j$ 个种质的基因型效应向量分别为 $g_i^T =$ $(g_{i1}, g_{i2} \cdots g_{im})$；$g_j^T = (g_{j1}, g_{j2} \cdots g_{jm})$，则第 $i$ 个种质与第 $j$ 个种质间的马氏距离计算公式为 $D_{ij}^2 = (g_i - g_j)^T V_G^{-1} (g_i - g_j)$。欧氏距离计算公式为 $D_{ij} = \sqrt{(g_i - g_j)^T (g_i - g_j)}$，采用不加权类平均法进行聚类分析。假设类 $G_i$ 与 $G_j$ 分别有 $n_i$ 与 $n_j$ 个种质，其合并所得的新类为 $G_r$，种质数为 $n_r = n_i + n_j$，它与其他各类 $G_s$ 的类间距离计算公式为：$D_{rs}^2 = \frac{n_i}{n_r} D_{si}^2 + \frac{n_j}{n_r} D_{sj}^2$。

## （三）抽样方法

采用 2 种抽样方法和 20% 的抽样比率构建核心种质库。2 种抽样方法分别为偏离度抽样法和优先抽样法。

## （四）核心种质遗传变异评价

核心种质库各性状的方差和变异系数应不小于原群体的方差和变异系数，而均值与极差则应基本保持不变。本研究采用均值、方差、极差和变异系数 4 个指标来评价构建的核心资源库，利用 $F$ 测验分析方差的差异性，利用 $t$ 测验分析均值的差异性。

# 二、结果与分析

## （一）比较两种遗传距离构建的核心种质

首先采用调整无偏预测法无偏预测 410 份小型西瓜种质 6 个果实性状基因型值，分别采用马氏距离和欧氏距离，利用偏离度抽样法和非加权类平均法基于 20% 的抽样比率抽出核心材料构建小型西瓜核心种质。由表 15-1 可知，采用马氏距离和欧氏距离构建的核心种质

6个果实性状的均值与原种质群体没有显著性差异。采用马氏距离构建的核心种质，5个果实性状（果实重量、果实长度、果实宽度、心糖和边糖）的方差大于欧氏距离构建的核心种质，其中果实重量、果实长度、果实宽度、心糖和边糖的方差极显著高于原种质群体，果皮厚度的方差显著高于原种质群体。而利用欧氏距离构建的核心种质，仅果实重量和边糖的方差极显著地高于原种质群体，其余4个性状的方差显著高于原种质群体。利用马氏距离构建的核心种质，其中4个性状（果实重量、果实宽度、心糖和边糖）的极差与原种质群体一致，2个性状（果实长度和果皮厚度）的极差略微低于原种质群体。利用欧氏距离构建的核心种质，仅2个性状（果实宽度和心糖）的极差与原种质群体一致，其余4个性状的极差均低于原种质群体。马氏距离和欧氏距离构建的核心种质均能提高6个果实性状的变异系数，除果皮厚度性状外，其余5个性状采用马氏距离分析的变异系数均大于采用欧氏距离分析的变异系数。以上分析结果表明，利用两种遗传距离构建的核心种质均保存了原种质群体的遗传结构，4个指标的比较结果表明采用马氏距离构建的小型西瓜核心种质优于采用欧氏距离构建的核心种质。

**表 15-1　两种遗传距离构建的核心种质与原种质群体间的遗传变异比较**

| 性状 | 遗传距离 | 群体 | 均值 | 方差 | 极差 | 变异系数 |
|---|---|---|---|---|---|---|
| | | Total | 1.26 | 0.21 | 3 | 0.36 |
| 果实重量（kg） | 马氏距离 Mahalanobis | Core | 1.25 | 0.37** | 3 | 0.49 |
| | 欧氏距离 Euclidean | Core | 1.30 | 0.31** | 2.9 | 0.43 |
| | | Total | 14.44 | 5.86 | 13.5 | 0.17 |
| 果长（cm） | 马氏距离 Mahalanobis | Core | 14.49 | 8.63** | 12.8 | 0.20 |
| | 欧氏距离 Euclidean | Core | 14.64 | 7.95* | 12.8 | 0.19 |
| | | Total | 12.76 | 2.96 | 10 | 0.13 |
| 果宽（cm） | 马氏距离 Mahalanobis | Core | 12.61 | 4.69** | 10 | 0.17 |
| | 欧氏距离 Euclidean | Core | 12.78 | 4.22* | 10 | 0.16 |

（续表）

| 性状 | 遗传距离 | 群体 | 均值 | 方差 | 极差 | 变异系数 |
|---|---|---|---|---|---|---|
| | | Total | 0.65 | 0.07 | 1.2 | 0.41 |
| 果皮厚度（cm） | 马氏距离 Mahalanobis | Core | 0.65 | 0.09 * | 1.1 | 0.48 |
| | 欧氏距离 Euclidean | Core | 0.63 | 0.09 * | 1.1 | 0.49 |
| | | Total | 11.57 | 4.59 | 12 | 0.19 |
| 心糖（%） | 马氏距离 Mahalanobis | Core | 11.42 | 8.14 ** | 12 | 0.25 |
| | 欧氏距离 Euclidean | Core | 11.55 | 6.19 * | 12 | 0.22 |
| | | Total | 9.12 | 2.71 | 9.5 | 0.18 |
| 边糖（%） | 马氏距离 Mahalanobis | Core | 9.03 | 5.13 ** | 9.5 | 0.25 |
| | 欧氏距离 Euclidean | Core | 9.13 | 3.99 ** | 9 | 0.22 |

注：* 和 ** 分别代表核心种质与原群体的方差差异达到 0.05 和 0.01 显著性水平

## （二）比较两种抽样方法构建的核心种质

采用马氏距离、非加权类平均法和 20% 的抽样比率，分别基于两种抽样方法构建核心种质。结果表明，利用优先抽样和偏离度抽样法构建的核心种质的均值与原群体没有显著差异。与原群体相比，6个果实性状的方差均得到不同程度地提高。利用偏离度抽样法构建的核心种质，6 个性状的方差均大于优先抽样法构建的核心种质，其中5 个性状（果实重量、果实长度、果实宽度、心糖和边糖）的方差与原群体差异达极显著水平。采用优先抽样法构建的核心种质仅果实重量方差显著高于原群体，其余性状的方差与原群体相比无显著性差异。采用优先抽样法构建的核心种质保存了原群体的极差，采用偏离度抽样法构建的核心种质，果实长度和果皮厚度 2 个性状的极差略小于原群体。优先抽样法和偏离度抽样法构建的核心种质均提高了 6 个果实性状的变异系数，采用偏离度抽样法构建的核心种质，6 个性状的变异系数均高于优先抽样法构建的核心种质（表 15-2）。以上分析结果表明，采用偏离度抽样法构建的小型西瓜核心种质具有相对较大的遗传变异，优于优先抽样法。

表 15-2　　两种抽样方法构建的核心种质与原群体间的遗传变异比较

| 性状 | 抽样方法 | 群体 | 均值 | 方差 | 极差 | 变异系数 |
|---|---|---|---|---|---|---|
| 果实重量（kg） | | Total | 1.26 | 0.21 | 3 | 0.36 |
| | 优先抽样 Preferred | Core | 1.30 | 0.29 * | 3 | 0.42 |
| | 偏离度抽样 Deviation | Core | 1.25 | 0.37 ** | 3 | 0.49 |
| 果长（cm） | | Total | 14.44 | 5.86 | 13.5 | 0.17 |
| | 优先抽样 Preferred | Core | 14.64 | 7.62 | 13.5 | 0.19 |
| | 偏离度抽样 Deviation | Core | 14.49 | 8.63 ** | 12.8 | 0.20 |
| 果宽（cm） | | Total | 12.76 | 2.96 | 10 | 0.13 |
| | 优先抽样 Preferred | Core | 12.80 | 3.42 | 10 | 0.14 |
| | 偏离度抽样 Deviation | Core | 12.61 | 4.69 ** | 10 | 0.17 |
| 果皮厚度（cm） | | Total | 0.65 | 0.07 | 1.2 | 0.41 |
| | 优先抽样 Preferred | Core | 0.66 | 0.09 | 1.2 | 0.45 |
| | 偏离度抽样 Deviation | Core | 0.65 | 0.10 * | 1.1 | 0.48 |
| 心糖（%） | | Total | 11.57 | 4.59 | 12 | 0.19 |
| | 优先抽样 Preferred | Core | 11.45 | 5.98 | 12 | 0.21 |
| | 偏离度抽样 Deviation | Core | 11.42 | 8.14 ** | 12 | 0.25 |
| 边糖（%） | | Total | 9.12 | 2.71 | 9.5 | 0.18 |
| | 优先抽样 Preferred | Core | 9.03 | 3.47 | 9.5 | 0.21 |
| | 偏离度抽样 Deviation | Core | 9.03 | 5.13 ** | 9.5 | 0.25 |

注：* 和 ** 分别代表核心种质与原群体的方差差异达到 0.05 和 0.01 显著性水平

## （三）小型西瓜核心种质

综上所述，构建小型西瓜核心种质时，马氏距离优于欧氏距离，偏离度抽样法优于优先抽样法。采用马氏距离法、偏离度抽样法、非加权类平均法和 20% 的抽样比率进行抽样，共获取 82 份核心材料，构成小型西瓜核心种质库。核心种质编号分别为：W10，W21，W22，W23，W29，W31，W32，W35，W36，W39，W42，W43，W45，W49，W51，W53，W56，W59，W60，W62，W63，W74，

W81，W82，W85，W89，W91，W92，W94，W97，W111，W121，
W144，W150，W154，W156，W164，W178，W180，W182，W183，
W196，W198，W203，W210，W215，W242，W248，W261，W268，
W275，W279，W289，W297，W300，W301，W309，W311，W313，
W318，W322，W331，W332，W335，W355，W360，W365，W367，
W369，W370，W372，W373，W378，W380，W382，W389，W394，
W395，W401，W403，W406，W408。核心种质的 6 个果实性状的均
值与原群体无显著性差异，方差均显著高于原种质群体，变异系数均
有所增加，获取的 82 份核心资源能够保存原小型西瓜资源的遗传多
样性。

# 三、结论与讨论

种质资源的收集与保存为作物新品种选育、特异种质材料利用及
种质创新奠定了基础。世界各国相继建立了不同作物的种质资源库，
随着种质资源的不断收集和积累，种质资源的数量变得越来越大，增
加了特异种质材料筛选和利用的难度。建立核心种质不仅对种质库管
理与种质繁殖更新具有现实意义，而且促进了种质资源的深入研究，
大大提高了种质资源的利用效率。

核心种质材料必须具有最大的遗传差异，准确评价不同材料间在
遗传上的差异则是合理构建核心种质的前提。作物的性状多为数量性
状，与环境因素存在一定程度的互作，表现型值的差异不能真实反映
种质间的遗传差异，因此，基于表型数据的遗传分类不能准确反映种
质资源的遗传结构（胡晋等，2000）。本研究采用混合线性模型无偏
预测的基因型效应值计算材料间的遗传距离，有效排除了环境、基因
型与环境的互作及试验中不可控制的误差因素。在度量不同材料间的
遗传相似性时，不同遗传距离的计算方法直接影响群体分类和核心种
质的优劣，马氏距离不仅考虑了性状间的相关性，而且考虑了不同性
状量纲的差异，而欧氏距离没有考虑这两种因素。Basigalup 等

（1995）认为方差增加的性状越多，方法越好。本研究以 410 份小型西瓜种质为研究对象，基于 6 个果实性状的基因型值构建小型西瓜核心种质，结果分析表明，采用马氏距离构建的核心种质具有较大的方差和变异系数，能够保存更多的遗传变异，说明构建核心种质时采用马氏距离优于欧氏距离。

　　不同的抽样方法直接影响核心材料的抽取（Brown，1989），本文比较了两种抽样方法构建的核心种质的优劣。采用偏离度抽样法构建的小型西瓜核心种质，6 个果实性状的方差均大于采用优先抽样法构建的核心种质，并且 6 个性状的方差均显著高于原群体。另外，采用偏离度抽样法构建的核心种质的变异系数均大于原群体和优先抽样法构建的核心种质。采用马氏距离法、偏离度抽样方法、非加权类平均法和 20% 的抽样比率抽取的 82 个核心材料能够保存原小型西瓜资源的遗传多样性，为西瓜种质资源的高效利用提供了重要理论依据。

# 第十六章 小型西瓜核心种质
## 亲缘关系分析

西瓜 [*Citrullus lanatus* (Thunb.) Matsum. & Nakai] 为葫芦科 (Cucurbitaceae) 西瓜属 (*Citrullus* Schrad. ex Eckl. & Zeyh.) 一年生蔓性草本植物 (Guo et al., 2013)。西瓜起源于南非干燥的沙地区域 (Bates et al., 1995), 广泛分布于热带、亚热带地区。西瓜包括栽培种西瓜 (*Citrullus lanatus* var. *lanatus*) 和硬瓢小西瓜 (*Citrullus lanatus* var. *citroides* (L. H. Bailey) Mansf.) (Bailey, 1930; Jeffrey, 1975)。另外, 在非洲还存在两个其他类型, 第一个类型称为喀拉哈里沙漠干牛瓜 (*Citrullus lanatus* var. *citroides*) (Whitaker et al., 1976), 起源于南非, 具有浅色坚实的果肉, 是布须曼人、家畜和当地野生动物的食物和水分来源 (Taylor, 1989), 被认为是栽培种西瓜的野生祖先 (Navot et al., 1987); 第二个类型是起源于西非的籽用型西瓜 (*C. lanatus* var. *lanatus*) (Oyulu, 1977)。我国既是西瓜的生产大国, 也是消费大国, 2012 年我国西瓜播种面积为 180.15 万 hm², 总产量 7 071.27 万 t, 人均年消费量是世界平均水平的 2~3 倍 (莫言玲等, 2012)。随着人民生活水平的提高和种植结构的调整, 西瓜已成为农民增收的重要作物之一。小型西瓜因其品质优, 生育期短, 适宜多样化栽培, 种植效益高等优点, 具有广阔的发展前景。

种质资源为栽培品种改良、新品种选育及开展遗传生物学研究提供丰富的遗传变异和基因资源, 是农业起源和发展的基本前提 (朱岩芳等, 2010)。遗传多样性和亲缘关系分析是作物种质资源评价与鉴定的主要内容。对作物种质资源遗传多样性进行研究, 有助于了解不同种质的遗传背景及种质间的亲缘关系, 为种质资源的创新利用提供重要信息（王振东等，2010）。马双武等（2003，2006）总结了我国西瓜种质资源的收集保存现状及特异种质资源研究利用情况。范敏等（2004）对美国引进的西瓜种质资源进行了农艺性状调查和聚类分析，结果表明西瓜种质资源存在丰富的遗传变异。由于表型性状容易受气候、环境条件的影响，根据农艺性状观察值进行相关性和亲缘关系分析存在一定的局限性。利用基因型效应值鉴定小型西瓜核心种质的亲缘关系至今无相关报道。在小型西瓜核心种质构建的基础上，本研究利用基因型预测值对 82 份核心材料进行遗传多样性和亲缘关系分析，以期为小型西瓜核心种质的有效利用和新品种选育提供理论依据。

# 一、材料与方法

## （一）材料和基因型值预测

将 82 份小型西瓜核心种质按田间行列编号顺序种植，以一定间隔穿插对照品种，利用对照品种控制田间不同位置的差异，重复两次，参考《西瓜种质资源描述规范与数据标准》调查果实重量、果实长度、果实宽度、果皮厚度、心糖和边糖等 6 个果实性状。采用朱军提出的混合线性模型统计分析方法进行统计分析，利用调整无偏预测法预测基因型效应值。

## （二）遗传多样性和相关性分析

采用 SAS 9.0 软件统计分析 6 个果实性状的最小值、最大值、平均值、极差、变异系数、方差和遗传多样性指数 H′。

## （三）聚类分析

采用 SPSS 9.0 软件基于 6 个果实性状的基因型效应值计算性状间的相关性系数并构建 82 份小型西瓜核心种质的聚类图。两样本间的遗传距离采用欧氏距离法进行计算，欧氏距离计算公式为 $EUCLID$ $= \sqrt{\sum_{i=1}^{k}(x_i - y_i)^2}$，其中，$k$ 表示样本有 $k$ 个变量，$x_i$ 表示第一个样本在第 $i$ 个变量上的取值，$y_i$ 标示第二个样本在第 $i$ 个变量上的取值，样本与小类之间的距离计算采用最短距离法。

# 二、结果与分析

## （一）小型西瓜果实性状的遗传多样性分析

果实重量、果皮厚度的极差分别为 3.0kg 和 1.1cm，远远大于其平均值，这说明小型西瓜核心种质的果实重量和果皮厚度表型值更为分散。果实重量的变异系数最大为 0.49，果皮厚度的变异系数次之，为 0.48，进一步说明了小型西瓜核心种质的果实重量和果皮厚度表型值的离散程度较高，各种质之间的遗传差异较大。心糖和边糖的变异系数一样，为 0.25。6 个果实性状的多样性指数分别为 4.29，4.39，4.39，4.29，4.37 和 4.37，均超过了 4.0，该结果表明小型西瓜核心种质存在丰富的遗传多样性（表 16-1）。

**表 16-1　小型西瓜核心种质果实性状遗传变异**

| 性状 | 最小值 | 最大值 | 平均值 | 极差 | 方差 | 变异系数 | 多样性指数 |
|---|---|---|---|---|---|---|---|
| 果实重量（kg） | 0.3 | 3.3 | 1.2 | 3.0 | 0.37 | 0.49 | 4.29 |
| 果长（cm） | 10.2 | 23.0 | 14.5 | 12.8 | 8.63 | 0.20 | 4.39 |
| 果宽（cm） | 8.5 | 18.5 | 12.6 | 10.0 | 4.69 | 0.17 | 4.39 |
| 果皮厚度（cm） | 0.2 | 1.3 | 0.65 | 1.1 | 0.09 | 0.48 | 4.29 |
| 心糖（%） | 4.0 | 16.0 | 11.4 | 12.0 | 8.14 | 0.25 | 4.37 |
| 边糖（%） | 3.5 | 13.0 | 9.0 | 9.5 | 5.13 | 0.25 | 4.37 |

## （二）小型西瓜果实性状的相关性分析

基于性状的相关性分析可以实现通过对一种性状的选择达到间接选择另一种性状的效果，从而可以大大提高选择效率。利用调整无偏预测法无偏预测 82 份小型西瓜核心种质 6 个果实性状的基因型效应值。基于基因型效应值进行性状间的相关性分析发现，果实重量与果实长度、果实宽度和果皮厚度呈极显著相关，相关系数分别为0.674，0.826 和 0.533。果实长度与果实宽度和果皮厚度呈极显著相关，相关系数为 0.416 和 0.489。果实宽度与果皮厚度成极显著相关，相关系数为 0.485。边糖含量与心糖含量成极显著相关，相关系数为 0.932（表 16-2）。因此，在西瓜品种选育过程中，筛选果实宽度适中的育种材料可以提高果实重量，筛选心糖含量高的育种材料可以提高边糖含量，进而达到增加产量和改善品质的目标。

表 16-2　基于基因型值的小型西瓜果实性状的相关性分析

| 性状 | 果实重量 | 果实长度 | 果实宽度 | 果皮厚度 | 心糖 | 边糖 |
|---|---|---|---|---|---|---|
| 果实重量 | 1.000 | 0.674** | 0.826** | 0.533** | 0.156 | 0.075 |
| 果实长度 | 0.674** | 1.000 | 0.416** | 0.489** | 0.190 | 0.165 |
| 果实宽度 | 0.826** | 0.416** | 1.000 | 0.485** | 0.182 | 0.112 |
| 果皮厚度 | 0.533** | 0.489** | 0.485** | 1.000 | 0.155 | 0.082 |
| 心糖 | 0.156 | 0.190 | 0.182 | 0.155 | 1.000 | 0.932** |
| 边糖 | 0.075 | 0.165 | 0.112 | 0.082 | 0.932** | 1.000 |

注：** 代表果实性状的相关性达到 0.01 显著性水平

## （三）小型西瓜核心种质聚类分析

利用欧氏距离法基于 6 个果实性状的基因型预测值计算小型西瓜核心材料间的遗传距离，在供试的 82 份核心材料中，不同种质间遗传距离变幅为 0.429~8.854，表明这些核心材料间遗传差异较大。其中，W215 和 W335，W154 和 W331，W380 和 W382，W29 和 W31，

W121 和 W178，W154 和 W156，W45 和 W53，W10 和 W29，W380 和 W406，W43 和 W81，W154 和 W300 间遗传距离较小，遗传距离分别为 0.429，0.517，0.633，0.678，0.683，0.713，0.747，0.773，0.774，0.835，0.883，表明这些材料间亲缘关系较近。

另外，W183 和 W380，W301 和 W406，W313 和 W372，W22 和 W394，W183 和 W360，W301 和 W382，W183 和 W406，W53 和 W198，W183 和 W382，W45 和 W313，W183 和 W401，W198 和 W380，W198 和 W401，W198 和 W406，W198 和 W382，W56 和 W313，W313 和 W380，W198 和 W360，W313 和 W401，W313 和 W382，W313 和 W406，W53 和 W313，W313 和 W360 间遗传距离较大，均超过了 8.0，分别为 8.055，8.060，8.129，8.131，8.135，8.147，8.149，8.164，8.198，8.234，8.277，8.291，8.341，8.445，8.447，8.485，8.508，8.558，8.592，8.618，8.759，8.823，8.854，表明这些材料间亲缘关系较远。

在聚类重新标定距离为 15 时，82 份小型西瓜核心种质被分为 9 个类群，第 1 个类群包括 59 份种质；第 2 类群包括 1 份种质，为 W91；第 3 类群包括 1 份种质，为 W164；第 4 类群包括 3 份种质，分别为 W180，W203 和 W311；第 5 类群包括 1 份种质，为 W183；第 6 类群包括 12 份种质，分别为 W360，W365，W367，W369，W370，W372，W373，W380，W382，W401，W403，W406；第 7 类群包括 2 份种质，分别为 W378 和 W395；第 8 类群包括 2 份种质，分别为 W389 和 W408；第 9 类群包括 1 份种质，为 W394。农艺性状相似的材料具有聚集在一起的趋势，如 W215 和 W335，W154 和 W331，这说明所分析农艺性状的表型值主要受基因型控制。第 2 类群、第 3 类群、第 5 类群和第 9 类群分别由 1 份种质材料组成，表明这 4 份种质与其余种质亲缘关系较远（图 16-1）。

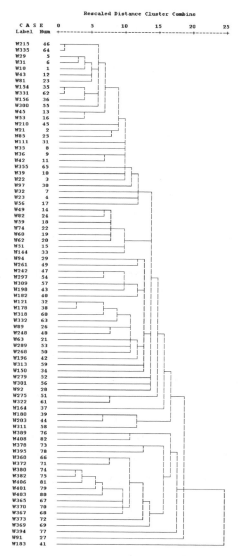

**图 16-1　小型西瓜核心种质聚类分析**

# 三、结论与讨论

种质资源是作物遗传改良的物质基础（孙亚东等，2009），种质资源的表型特征是基因型、环境以及基因型与环境互作效应的综合表现（张嘉楠等，2010）。农艺性状的遗传多样性研究对种质资源的评价与创新利用具有重要意义。本研究分析了 82 份小型西瓜核心种质6 个果实性状的遗传多样性，6 个果实性状的多样性指数均超过了4.0，该结果表明小型西瓜核心种质存在丰富的遗传多样性。

相关性研究不仅可以揭示事物之间的关联性，而且能够解析农艺性状间的联动关系（梁永书等，2011）。农艺性状间的相关性分析就是期望通过重要性状的遗传改良和表型选择从而间接地同步改良次要性状，加速育种研究进程。农艺性状受遗传因素和环境因素影响，环境因素影响性状间相关性强弱（梁永书等，2008）。为了准确评价性状间的相关性关系，本研究采用调整无偏预测法无偏预测 82 份小型西瓜核心种质 6 个果实性状的基因型效应值，基于基因型效应值进行性状间的相关性分析，研究结果表明，果实重量与果实长度、果实宽度和果皮厚度呈极显著相关。果实长度与果实宽度和果皮厚度呈极显著相关。果实宽度与果皮厚度成极显著相关。边糖含量与心糖含量成极显著相关。

为了充分利用我国优异小型西瓜种质资源，规范西瓜种质资源的收集、整理和保存，创造良好的资源和信息共享平台。本研究利用 6 个果实性状的基因型效应值对 82 份小型西瓜核心种质进行亲缘关系分析，不同种质间遗传距离变幅为 0.429~8.854，表明这些核心材料间遗传差异较大，具有丰富的遗传多样性。聚类分析结果表明，在聚类重新标定距离为 15 时，82 份小型西瓜核心种质被分为 9 个类群，农艺性状相似的材料具有聚集在一起的趋势，这说明所分析农艺性状的表型值主要受基因型控制。第 2、第 3、第 5 类群和第 9 类群分别由 1 份种质材料组成，表明这 4 份种质与其余种质亲缘关系较远。实践中为了更好地利用杂种优势，可以选取亲缘关系较远的核心材料配制杂交组合。

# 第十七章　特色蔬菜辣木的应用价值及发展前景

辣木（*Moringa* spp.）为辣木科（Moringaceae）辣木属（*Moringa Adans*）多年生植物，因其根有辛辣味，故而得名辣木。辣木起源于印度和非洲的干旱或半干旱地区，本科仅有 1 个属，共 14 个种，其中 4 个种 *M. stenopetala*（原产于埃塞俄比亚和肯尼亚北部）、*M. ovalifolia*（原产安哥拉和纳米比亚）、*M. peregrina*（原产苏丹、埃及和阿拉伯半岛）和 *Moringa oleifera*（原产于印度北部亚喜马拉雅区域）已有所栽培，而种植最多、分布最广和研究最多的是印度辣木（*Moringa oleifera*）（刘昌芬等，2002）。

辣木的叶片、嫩荚、嫩芽、花朵、嫩茎和根均可食用，富含多种矿物质、维生素和药理活性成分，是药食同源的植物，其营养价值和药用价值已被广泛证实并正被开发利用，辣木种子的含油量很高，辣木油是一种对人体健康极为有利的功能食用油，另外种子含有活性凝结成分，有净化水的特殊功能（张燕平等，2004），因此辣木又被誉为"神奇之树"和"植物中的钻石"。早在古罗马时期就有食用或利用辣木的记载，现广泛种植于亚洲、非洲和中美洲的热带、亚热带国家或地区。随着大众对辣木营养价值和药用价值的充分认识，辣木正日趋受到重视。我国在 20 世纪 60 年代引入辣木，目前在云南、福建、广东等部分地区有所种植。本课题组在接下来的工作中会进一步收集辣木种质资源、培育优良辣木品种、探索丰产栽培措施和开发高附加值的产品。本文总结了辣木营养价值、药用价值、工业价值等方面研究取得的进展，以期为在我国热区大力发展辣木产业提供参考。

# 一、辣木营养价值研究现状

在我国，随着人们生活水平的提高和生活节奏的加快，饮食结构不合理的问题日趋突出，普遍存在钙、铁、钾、维生素 A 等营养成分不足的现象（盘李军等，2010）。辣木被西方科学家誉为是上帝赐给人类的一件珍贵礼物，含有丰富的营养物质，可以满足身体对各种营养素的需要，不仅是发达国家素食者的理想食物，还是贫穷地区人类的天然营养库。Teixeira 等（2014）研究显示辣木叶片中含有28.7%的粗蛋白，7.1%的脂肪，44.4%碳水化合物，每 100g 叶片中含有 2.0g 钙，103.1mg 铁。另外，辣木叶片中含有 17 种氨基酸，其中谷氨酸含量最高，占总氨基酸含量的 14.52%，另外赖氨酸和苏氨酸含量也比较丰富（董小英等，2008）。闻向东等（2006）研究表明每克印度辣木根样品中的 $V_C$ 含量高达 10.35μg，钾的含量高达20.454mg。辣木叶片中钙的含量是牛奶的 4 倍，蛋白质的含量是牛奶的 3 倍，铁的含量是菠菜的 3 倍，钾的含量是香蕉的 3 倍，维生素 C 的含量是柑橘的 7 倍，维生素 A 的含量是胡萝卜的 4 倍（Makkar et al.，1997；Oliveira et al.，1999）。

辣木除了是一种高营养蔬菜外，还是一种重要的油料植物，辣木籽的含油量为 30%~35%。段琼芬等（2014）利用 SD 大鼠和昆明系小鼠进行急性毒性和遗传毒性喂养试验，结果表明辣木籽油是安全无毒的油脂。辣木籽油所含的脂肪酸主要以不饱和脂肪酸为主，其含量高达 80%以上，经常食用不饱和脂肪酸，可降低人体血液中的总胆固醇含量，从而抑制人体血管内血栓的形成，明显降低心血管疾病的发生，因而具有预防心血管疾病发生的作用。油酸含量的高低是评判植物油品质好坏的一个重要指标，辣木油、橄榄油和茶油中油酸的含量分别为 73%、73%和 74%，由此可见，辣木油是一种可与茶油、橄榄油媲美的高档植物油（段琼芬等，2008）。另外辣木籽油中还含有植物固醇物质如 β-谷甾醇、菜油甾醇等，植物固醇类物质是一种与胆固醇结构十分相似的物质，有降低胆固醇的功效且无明显副作用（Tsaknis et al.，1999），对人体健康十分重要。食用油氧化诱导期的长短直接决定了其储藏期氧化变质的快慢和储期的长短，氧化诱导期越长，其安全稳定性越好。辣木籽油的氧化诱导期为 34.1h，分别比橄榄油、玉米胚芽油、花生油和黄豆油的氧化诱导期长 4 倍、10 倍、9 倍和 12 倍以上，其稳定性较高，不易氧化腐败，是 1 种优良的食用油。

冷榨的辣木籽油中含有天然的抗氧化物质，这使得辣木籽油具有性质稳定，不易腐败的特性。Ogunsina 等（2014）研究结果表明冷压榨提取的辣木籽油热稳定性和氧化稳定性较好，其形成的过氧化物比花生油少 79%，其自由脂肪酸的增加量明显低于精制花生油。辣木籽油不仅是一种安全无毒的高品质食用油，而且因其黏稠性较低，非常适合用作香味赋形剂，是香料、化妆品、防腐剂的优良原料，段琼芬等（2008）研究表明辣木油具有抗紫外线的性能，能保护身体免受紫外辐射的损伤，因此可利用辣木油开发相关防晒产品。据报道，辣木籽油在印度还被用于航天、高温、高压等特殊条件下精密机械的润滑（邹宇等，2011）。

# 二、辣木药用价值研究现状

辣木作为一种功能性植物，一方面，含有多种营养物质，其营养价值与具有"人类营养的微型宝库"之称的螺旋藻相当；另外一方面辣木具有较大的药用价值，可以治疗疼痛、溃疡、高血压、癌症、糖尿病、皮肤感染、各种炎症等多种疾病（Popoola et al.，2013）。此外辣木还具有抗氧化、控制病原微生物、保肝、改善维生素 A 缺乏症、镇静、抗痉挛和增强 SOD 酶活性等功能（Hussain et al.，2014）。

Manaheji 等（2011）比较辣木根和叶的甲醇提取物与根或叶单独提取物的作用效果，结果表明辣木根与叶在止痛效果上存在协同作用。Choudhary 等（2013）研究证实辣木拥有抗溃疡和抗冻结活性，辣木根的乙醇提取物可以被用作抗溃疡药物。有关研究表明辣木叶片的甲醇提取物能明显减轻大鼠由乙酰水杨酸造成的胃损伤，并可显著提高胃溃疡的治愈率（王柯慧，1997）。

辣木叶片、果实和根中含有降血压和胆固醇的功能成分 2-腈苷、3-芥子糖苷、Niaziminin A 和 Niaziminin B。Ghasi 等（2000）研究表明辣木叶分别能降低高脂鼠血清、肝脏和肾中 14.35%、6.40% 和 11.09% 的胆固醇。饲喂高胆固醇饲料的同时添加辣木果实或洛伐他汀，可减少家兔心脏、肝和主动脉中的脂类，但未减少正常家兔心脏中的脂类（李丽等，2004）。在泰国，辣木被用于治疗糖尿病和高血脂，这些疾病的发病与氧化胁迫相关，Sangkitikomol 等（2014）研究表明辣木可以减少氧化胁迫和糖基化终产物的形成，同时通过抑制基因 HMG-CoAR、PPARα1 和 PPARγ 的表达减少胆固醇和脂类的合成，从而维持脂质动态平衡。

辣木中含有辣木碱、玉米素、辣木素和山奈酚等物质，具有抗肿瘤作用（董小英等，2008）。Guevara 等（1999）研究证明辣木种子中 β-谷甾醇-3-O-β-D-吡喃葡糖苷、4（α-L-rhamnosyloxy）-苯甲基异硫氰酸盐和辣木叶片中的硫代氨基甲酸盐均对爱泼斯坦巴瑞病毒有明显的抑制作用，硫氨基甲酸酯能抑制肿瘤细胞生长。Tiloke 等（2013）研究表明辣木叶片提取物具有抑制肺癌细胞增殖并诱导凋亡的作用。Berkovich 等（2013）研究证实辣木叶片提取物能够抑制胰腺癌细胞的生长，并且能够增强化学疗法的效果。Gismondi 等（2013）研究表明辣木提取液能够有效抑制黑素瘤细胞的生长和增殖。辣木的抗肿瘤功能为开发廉价的和天然的抗癌药物奠定了基础。

糖尿病脑病严重损害中枢神经系统从而引起糖尿病性认知功能障碍，刘冰等（2010）研究发现辣木籽对大鼠糖尿病脑病具有保护作用，可显著降低糖尿病大鼠血糖水平，改善认知功能障碍和神经元损伤。Sholapur 等（2013）研究表明辣木能够抑制周缘组织内由地塞米松诱导的胰岛素抗性。Jaiswal 等（2013）通过体外和体内试验证实辣木叶片具有显著的抗氧化活性，能保护正常人及糖尿病人免受氧化胁迫的损伤。

辣木籽油因含有 4-α-L-鼠李糖氧基苯乙腈成分和辣木素，对红癣菌、小芽胞癣菌、绿脓杆菌和金黄色葡萄球菌均有抑制作用，可防止皮肤感染化脓（陈德华等，2008）。Satish 等（2012）研究证实辣木提取物可用于伤口愈合。Muhammad 等（2013）研究表明辣木含有新西兰牡荆甙Ⅱ生物活性片段，能够促进伤口的快速愈合。Bhatnagar 等（2013）研究表明利用阿拉伯树胶和辣木种子水提物制成的高分子聚合物具有止血和加速伤口愈合的功效。段琼芬等（2011）研究结果证明辣木油外用能促进家兔皮肤创口愈合，对皮肤机械损伤有明显的保护作用，其机制可能与促进伤口边缘组织收缩、加速肉芽组织生长和防止感染等有关。段琼芬等（2009）研究表明辣木油具有抗紫外线损伤的功能，能明显抑制紫外线所致表皮角质化，抑制真皮层组织病理改变。

Marrufo 等（2013）利用两种革兰氏阳性菌、两种革兰氏阴性菌和 5 种真菌检测辣木油的抗菌活性，结果显示辣木油能够抑制蜡状芽孢杆菌、绿脓杆菌和真菌的生长。Vongsak 等（2013）研究结果表明辣木叶片可以调节人类噬菌细胞的免疫响应，可以用于研制消炎药物。Alhakmani 等（2013）研究表明辣木花具有消炎活性，并且是一种较好的抗氧化剂。因辣木具有消炎功效，被广泛用于治疗各种炎症疾病（Kooltheat et al.，2014）。有关辣木消炎活性的化学成分还有待进一步研究。

辣木的生物活性与抗氧化功能密切相关。梁鹏等（2013）以辣木茎叶干粉为原料提取植物多糖并评价其抗氧化活性，结果表明辣木多糖对羟自由基和超氧阴离子的清除效果随浓度的增加而逐渐增强。任飞等（2010）研究表明采收时间不同，辣木多糖和可溶性糖含量会有很大差异，各器官的多糖含量以 11 月最高。Howladar（2014）研究表明菜豆在盐胁迫和镉胁迫的情况下，其光合色素、绿荚产量和蛋白质含量显著减少，利用辣木叶片提取物喷洒菜豆可以解除盐胁迫和镉胁迫，脯氨酸的含量和抗氧化酶的活性显著增加。Sutalangka 等（2013）研究表明辣木叶片提取物是潜在的认知增强剂和神经保护剂，其作用机制可能是通过降低氧化胁迫和增强胆碱功能来实现的。Kirisattayakul 等（2013）研究表明辣木叶片提取物可以通过降低氧化胁迫从而实现降低脑皮层和下皮层梗塞的形成。Sadek（2013）研究发现辣木叶片乙醇提取物可以有效减少重金属铬引起的毒性，对重金属的螯合作用可能与辣木的抗氧化活性有关。Nkukwana 等（2014）研究表明辣木能够降低冷冻鸡肉的脂质氧化。有关辣木抗氧化活性成分的研究报道较少，Santos 等（2012）利用色谱分析辣木花、花轴、茎和叶片组织的乙醇提取物，结果表明提取物中至少含有 3 种类黄酮，花和叶片的盐提取物至少含有两种类黄酮，可能与抗氧化活性有关。Karthivashan 等（2013）首次发现辣木叶片中含有蔷薇甙-B 和芹菜甙元，可能与抗氧化活性有关。

Torondel 等（2014）研究表明辣木粉具有同肥皂类似的作用，能够有效控制病原生物的传播。de Lima Santos 等（2014）研究发现从辣木种子中分离出的水溶性凝集素可以有效灭杀伊蚊幼虫和卵，因此可被用作控制伊蚊的候选药物。Pontual 等（2014）研究发现辣木花的提取物能够有效杀死伊蚊幼虫，并具有抗肠道细菌的活性。

高脂肪的食物容易诱导脂肪肝并最终导致多种并发症影响人类的健康。Das 等（2012）在喂养小鼠高脂肪含量的食物中加入辣木叶片提取物，与对照相比，处理组内生抗氧化剂含量明显增加，脂类过氧化物的含量显著降低，该研究表明辣木叶片提取物具有保肝的活性。Sharifudin 等（2013）研究结果表明辣木花和叶的提取物能够治疗由醋氨酚引起的肝损伤。Sinha 等（2012）利用植物化学分析的方法证实辣木叶片提取物含有多种化合物，像抗坏血酸、酚类物质等，这些物质对预防肝脏脂质过氧化起到重要作用。

辣木叶片中含有调节甲状腺激素和肝脂过氧化作用的超氧化物歧化酶和过氧化氢酶，Tahiliani 等（2000）研究表明低剂量的叶片提取物能调节甲状腺机能亢进。彭晓云等（2009）利用含有辣木精油的培养基连续饲喂果蝇，果蝇的平均寿命以及果蝇体内超氧化歧化酶活性与对照相比有显著差异，处理组平均寿命显著高于对照组，果蝇体内 SOD 活性显著增强。Afolabi 等（2013）研究发现辣木叶片提取物能够显著增加小鼠精子的数量、SOD 酶的活性及总蛋白的含量。

此外，辣木还具有改善维生素 A 缺乏、治疗贫血症和提供神经保护的功能。Nambiar 等（2001）研究表明辣木叶片能够明显增加大鼠血清中维生素 A 的含量。Adejumo 等（2012）研究证实辣木具有治疗镰刀形红细胞贫血症的功效，种子和花的提取物抗镰刀形红细胞形成的活性高于叶片提取物。Bakre 等（2013）研究发现辣木叶片乙醇提取物具有镇静和抗痉挛活性。Hannan 等（2014）研究发现辣木叶片能够促进轴树突触的成熟，提供神经保护作用。

# 三、辣木工业利用价值研究现状

用辣木做动物饲料有着得天独厚的优势，它含有动物生长所需要的一切营养物质，包括氨基酸、蛋白质、矿物元素、粗纤维和维生素，可以根据不同的饲养对象，将辣木叶片及油饼结合起来复配，做到资源利用最佳化。Sánchez 等（2006）研究表明饲料中添加辣木可提高奶牛的摄食量和产奶量，增加体重，而且不会影响牛奶的质量。李树荣等（2006）将不同比例的辣木添加到黄羽肉鸡饲料中，比较黄羽肉鸡在喂养不同比例辣木饲料后的生长情况，结果发现添加有辣木叶的饲料一个饲养周期总消耗量均比对照组减少 30% 左右，并且各试验组的器官形态及内脏重量并无较大差异，该研究进一步证明辣木不仅能促进动物的生长，还可以节省饲料成本。闫文龙等（2009）以粤黄快大鸡为研究对象，探讨不同剂量的辣木粉对鸡生理生化指标的影响，研究结果发现在饲料中添加辣木粉能够促进免疫球蛋白的合成，进而提高机体的免疫功能。Qwele 等（2013）研究表明在饲料中添加辣木叶可以明显改善山羊肉的品质，这可能与辣木叶的抗氧化活性有关。

目前城市主要采用硫酸铝等化学药品处理饮用水，但有关研究表明，在摄入过多铝离子的人群中，老年性痴呆症和心血管疾病的患者比例较高（Mclachlan，1995）。为此，寻找一种安全、价格低廉、易于降解和环保的天然絮凝剂来替代化学絮凝剂十分必要。辣木种子水提物含有的活性凝结成分能有效降低水的混浊度、硬度、除去水中的细菌，并且具有天然、易降解等特点，对人体没有毒副作用。Sengupta 等（2012）研究发现辣木种子提取物不仅能降低水的浑浊度，而且能够减少水中寄生虫卵的数量。

随着人类社会的发展，工业或城市废水污染严重，利用辣木种子水提液处理过的城市污水和工业废水，其生物需氧量、化学需氧量、油脂含量均降低到理想水平。另外辣木种子水提液还具有软化水，有效除去水中农药残留、微生物和重金属离子的功能。Meneghel 等（2014）研究表明辣木种子作为生物吸附剂可以有效去除溶液中的铅离子。Marques 等（2012）研究表明辣木种子提取物能够有效去除工业废水中的镍离子。Obuseng 等（2012）研究表明辣木种子生物质能够有效吸附溶液中的重金属离子，比较对单一金属离子和多种金属离子的吸附能力发现，辣木种子含有多种金属离子活性结合位点。铬特别是 Cr（Ⅵ）具有致癌、致突变和细胞遗传毒性，对农业环境及人体健康有很大影响，生物吸附法相比于传统吸附技术有着成本较低和无二次污染等优点，伍斌等（2013）研究发现加工处理后的辣木树皮能够有效去除水溶液中的 Cr（Ⅵ），吸附效果随着 pH 值的增大而减小，随着吸附温度的提高而增大。伍斌等（2013）为进一步提高辣木籽提取液对 Cr（Ⅵ）的吸附能力，分别对辣木籽提取液进行了酸、碱改性，实验结果表明酸改性可提高辣木籽提取液对 Cr（Ⅵ）的吸附性能，碱改性降低辣木籽提取液对 Cr（Ⅵ）的吸附性能。

Kwaambwa 等（2007）研究表明辣木絮凝的活性成分为蛋白质类化合物。马李一等（2013）研究发现辣木提取液中等电点为 2.42、3.41 的两种蛋白质净水活性较差，不是絮凝的活性成分，等电点为 11.38 的蛋白质具有较高的净水活性，是辣木絮凝活性最主要的成分。张饮江等（2012）研究发现经 NaCl 溶液处理后的辣木籽对水体浊度去除效果更佳，可能因为净水活性蛋白溶于盐溶液后，提高了净水活性，与 Okuda 等（2001）的研究结果一致。辣木脱脂粉（油粕）具有絮凝作用，脱脂粉中除包括絮凝活性物质外，还含有大量的有机质，部分有机质可溶于所净化的水中，净化的水存放一定时间后，溶于水中的有机物可产生颜色和气味，因此需要对絮凝活性物质进行提取、纯化。白旭华等（2013）利用超临界 $CO_2$ 流体萃取技术脱脂，经过真空浸提、凝胶层析纯化和膜分离纯化等工艺提取天然絮凝活性成分，试制出固态和液态两种絮凝剂。辣木絮凝剂可与常用的化学净水剂相媲美，因此利用辣木开发饮水或废水处理剂具有良好的市场前景。

## 四、辣木内生真菌次生代谢物生物活性研究现状

　　植物内生真菌是指一定阶段或全部阶段生活于健康植物的组织和器官内部的微生物，而不使宿主植物表现出明显感染症状（郭良栋，2001），普遍存在于高等植物中。大量研究发现植物内生真菌能够产生多种生物活性物质（邹文欣等，2001），是优良次生代谢产物的有效来源（Tan et al.，2001）。大多数的内生真菌都能产生抗菌活性物质（Strobel et al.，1999）。廖友媛等（2006）从辣木的茎和叶中分离出 35 株内生真菌，其中 29 株内生真菌具有抗菌活性。为人类发现具有药用价值的新化合物提供了新的资源。柯野等（2006）从辣木中分离得到 1 株内生真菌 ly14，其发酵液对绿脓杆菌、金黄色葡萄球菌和掷孢酵母有很强的抗菌作用。柯野等（2007）再次从辣木中分离得到 1 株内生真菌，其次生代谢物对金黄色葡萄球菌和绿脓杆菌的生长有很强的抑制作用，但该次生代谢物的具体结构和抗菌机理还需进一步的研究。Zhao 等（2012）从辣木中分离出内生黑孢子菌，并验证了黑孢子菌具有抗真菌的生物活性。蔡庆秀等（2013）将来自辣木根部的内生真菌菌株 LM033 鉴定为链格孢属，并从其次生代谢产物中分离到 5 种化合物，这 5 种化合物具有不同程度的抗菌活性。近

年来细菌等微生物对抗生素表现出耐药性，已对人类的健康构成了潜在的威胁。因此，开发和利用植物内生真菌资源，寻找新的活性次级代谢产物用于医药研究具有重要的医学意义和现实意义。

## 五、辣木产业的发展前景与亟需解决的科学问题

辣木具有独特的营养价值、药用价值及超强的生态适应性，在我国热区发展辣木种植和产品开发有着良好的市场和商业前景。辣木生长快，生物量大，树冠松散，林下透光性好且有较好的自肥效果，是理想的混农林物种，可以同其他热带作物相互间作，既可提高土地利用率和单位面积生产力、防止水土流失、改善生态环境，又可降低投入风险。辣木叶片和嫩菜可以开发为优质的绿色食品；种子中含有天然絮凝成分，能有效除去水中的细菌，可以用来开发天然净水剂。Gifoni 等（2012）研究表明从辣木种子中分离出的几丁质结合蛋白Mo-CBP3 能够有效抑制真菌孢子的萌发，可能参与植物的防御机制，将来可以利用 Mo-CBP3 开发杀真菌剂控制植物真菌性病害；辣木籽油是高级烹调油、化妆品、香料和防腐剂的优良原料。我国热区丘陵山地约占 90%，交通不便，经济落后，不宜种植对栽培条件和保鲜要求较高的热带水果等作物，而这些广大的热区土地资源可以规模化种植辣木，开发高附加值的产品，促进农民脱贫致富，推动热区经济发展。但是，海南岛四面环海，台风频繁，辣木枝条和主干容易折断或风倒，成为影响海南岛辣木种植业发展的主要制约因素，因此，培育抗风辣木品种是辣木产业发展亟需解决的关键问题。不同来源的辣木种质在抗风的性能和抗风的表型特征上存在较大的变异，这给抗风选择育种提供了有利条件。辣木抗风害能力主要受本身遗传特性控制，这些遗传特性主要包括茎秆木质密度、分枝习性、树冠形状、根系的深度与发达程度等，评价辣木品系的抗风特性时应对这些因素要加以综合运用。在将来的研究中需加强抗风性辣木品种的培育及利用，以期达到高产稳产的目的。

辣木作为饲料除了具有促进生长外，还具有降低胆固醇及增强免疫力等功效，因为它不含激素，不会造成毒素转移对人体产生毒副作用，充分利用辣木的营养价值开发健康功能性饲料有着广阔的应用前景。对辣木油的开发不仅可以从健康食用油的角度出发，还可以进一步探索它在降胆固醇、降血酯、降血压、预防消化道溃疡等方面的应用。随着产地和栽培条件等的不同，辣木籽油的含量、营养成分含量和微量元素含量存在不同程度的差异，这些差异主要取决于品种和栽培条件（刘昌芬等，2003）。Rufai 等（2013）利用 RAPD 标记对 20份辣木资源进行遗传多样性分析，结果表明材料间存在广泛的遗传变异，为新品种选育和遗传改良奠定了基础。在将来的研究中，进一步加强辣木种质资源鉴定、培育优良辣木品种、探索丰产栽培措施及科学施肥方法和开展病虫害防治技术研究是发展辣木产业的关键所在。另外，辣木主要依靠种子进行繁殖，辣木种子价格昂贵，并且由于种子含油量较高，发芽率随存放时间的延长而显著降低，给生产带来了不利影响。激素是植物体内的微量信号分子，其浓度以及不同组织对激素的敏感性控制了植物的整个发育过程。外源植物激素在农业生产中的作用已引起国内外普遍重视，外源激素可使内源酶活增强，促进种子萌发，提高种子活力，但在辣木上缺少系统研究。另外，在种子萌发过程中，外源激素和内源激素共同作用，不同物种种子内所含内源激素种类、浓度及分布均不同，造成同一浓度外源激素在不同植物种子发芽过程中表现不同。因此，在将来的工作中应重点阐明不同浓度外源激素处理对辣木种子萌发的影响，筛选促进辣木种子萌发的适宜外源激素浓度，制定一套高效的育苗方法，为辣木在我国热带、亚热带地区开发应用提供优质的苗源。杨焱（2011）研究表明利用叶面肥进行追肥能够显著提高辣木鲜叶产量，但施用叶面肥对叶片营养成分和药理活性成分的影响尚不明确，需通过试验进行分析。辣木除了可作为一种新颖热带蔬菜开发外，更重要的价值在于加工出形式多样的功能食品或添加剂，但由于辣木中的化学成分比较复杂，怎样充分合理地利用辣木，尚需进行大量的科学试验进行验证。

# 第十八章　特色蔬菜辣木栽培及病虫害防治相关研究

辣木是一种药食同源植物，辣木的嫩叶、嫩荚、嫩芽、嫩茎中不仅富含满足身体需要的矿物质、维生素等多种营养物质，而且含有多种药理活性成分，具有较大的药用价值，可以治疗溃疡（Choudhary et al.，2013）、癌症（Berkovich et al.，2013；Gismondi et al.，2013）、降低胆固醇（Ghasi et al.，2000；Sangkitikomol et al.，2014）、糖尿病（刘冰等，2010；Jaiswal et al.，2013）、皮肤感染（Muhammad et al.，2013；段琼芬等，2011）等多种疾病。辣木种子的含油量很高，辣木籽油不仅是一种可与茶油、橄榄油媲美的高品质食用油（段琼芬等，2008），而且因其黏稠性较低，非常适合用做香味赋形剂，是化妆品和防腐剂的优良原料。此外辣木种子中含有活性凝结成分，具有有效除去水中微生物（Sengupta et al.，2012）和重金属离子（Meneghel et al.，2014；Marques et al.，2012）的功能，因此辣木又被誉为"奇迹之树"。辣木被广泛种植于亚洲、非洲、阿拉伯半岛、加勒比诸岛、太平洋地区、南美洲的热带、亚热带国家或地区，近年来，在我国云南、海南、福建、广东和广西等地有所种植。随着人类对辣木营养价值和药用价值的充分认识，辣木正日趋受到重视。有关辣木栽培和病虫害防治的研究尚鲜见报道，现总结归纳了一套较为完整的辣木栽培和病虫害防治相关技术措施，以期为辣木产业的发展提供技术支持。

# 一、辣木的特征特性

辣木树高一般可达 5~10 m，茎粗可达 25~40cm，茎秆木质化程度低，伞形树冠，主枝延伸无一定规律，枝梢顶端交织形成羽状复叶，长 20~70cm，小叶长 1~2cm，花奶白色或白色，花序长 15~25cm，萼片、花瓣、雄蕊与退化的雌蕊各 5 枚。果荚具 3 裂，长 25~55cm，每个果荚含 25 粒种子左右，种子褐色、圆形，外带纸质白翼，根茎部呈圆柱状膨大，生长势旺盛，须根少，移栽当年即可采摘其嫩叶、嫩茎，树龄可达 25 年左右。

# 二、种植环境选择

辣木是热带植物，喜光照，比较耐干旱。适宜生长温度为 20~35℃，年平均气温在 15℃以上，月平均气温在 10℃以上的地区最为适宜，当温度低于 10℃时易出现寒害。辣木对降水量的适应性很强。在年降水量 500~3 000mm 的热带或亚热带地区均可以种植。辣木能适应沙土和黏土等各种土壤类型，土壤最好选择排水良好、土层深厚、有机质丰富的草甸土或沙质土壤，园地应挖畦沟，避免淹水，排水不良的田块容易造成根部腐败从而引起植株枯黄甚至死亡。由于辣木生长快，茎秆疏松易断，避免在有风害的地方种植。

# 三、种苗繁育

应选择靠近植地、水源方便、干净、无杂草、通风良好且光照充足、无积水的的环境作苗床。苗床要用稀质遮光网遮荫。为了方便移植，常采用营养袋育苗，利用肥沃、疏松、腐熟的优质有机肥、钙镁磷、复合肥配制育苗基质，基质要预先消毒，可用 40%福尔马林 100 倍液喷洒基质，利用塑料薄膜覆盖密封 5d 后揭膜晾晒 10d，采用

17cm×12cm 营养袋进行装袋，将装好营养土的营养袋放置于苗床上备用。

辣木种苗一般采用种子繁育，全年均可播种，最佳播种期为 2 月底至 3 月初。最好选用当年采收、完全成熟的种子，播种前将缺陷豆、未成熟豆及霉烂豆除去，所选种子应饱满，无皱缩、无霉变，无虫蛀。种子选好后先去除纸质白翼，以免其在育苗袋中腐烂，产生细菌，影响小苗成活率。播种前将种子倒入 800~1 200倍液多菌灵、绿亨 2 号、百菌清等杀菌剂药水中浸泡 15~20h，杀死辣木种子内外附着的病菌，保证其种子发芽率及小苗成活率。将浸种的辣木种子播种于育苗袋，每育苗袋放 1 粒种子。为保证小苗对营养的需求，将种子放置在育苗袋中间位置。播种深度为 2cm 左右，太深或太浅均会造成出苗率降低，播种后，用营养土轻轻覆盖，喷雾淋透水。20~25℃为最适宜萌发温度。在该温度下辣木种子出苗快、整齐，幼苗质量好，仔细控制基质湿度，水分过多易导致烂根，水分过少则造成不出芽。前期需适度遮荫，子叶展开后，早晚要掀开遮荫网让小苗接受阳光的照射，当第 3 片叶长出后，可完全掀开遮荫网以便更好地进行光合作用，防止小苗徒长。随时注意观察虫害，适时喷药，待小苗长至15cm 左右时，可进行移植。

另外辣木也可采用枝条扦插进行无性繁殖。选取直径 5cm 左右，长 100cm 左右的枝条进行扦插，开挖 50cm×50cm×50cm 的种植穴，将 1/3 左右的插条埋在种植穴里，注意排水避免根腐。

# 四、整地定植

辣木属肉质根系，雨水过多容易导致根系和茎基腐烂，应依据辣木耐旱而不耐涝的特点，采用深沟高畦种植，整畦前施好基肥，种植密度应根据种植目的、植地的坡度而定，一般 667m² 种植密度为 600株，以摘取嫩叶菜用为目的可采取密植方式，株行距一般为 1m×2m。以采摘豆荚或种子为目的可适当疏植，株行距一般为 2m×2m。坡地的种植密度可比平地大些。风大的地方在定植初期需用竹杆等进行固定，避免植株倒伏。定植穴土堆应高出地面 50~60cm，定植后覆盖一层杂草或塑料薄膜，以利幼苗返青。

# 五、水肥管理

由于辣木生长迅速，花、果和叶等生物量大，需要大量的水分和肥料，充足的水肥供应可促进辣木迅速生长。在幼苗种植后的前两个月要定期浇水，定植两个月后依靠自然降水即可基本满足辣木生长需要，有灌溉条件的在干旱季节适当灌溉有利于辣木生长。灌水要适中，过湿易烂根，过干则生长发育缓慢。雨水充沛的年份，辣木几乎可以全年连续生产。

辣木属驯化时间不长的植物，耐贫瘠，定植前施入足量基肥，基肥最好选用有机肥和钙镁磷，每穴用量为有机肥 15~20kg 和钙镁磷 2~3kg。栽培过程中需要定期追肥，肥料的种类及 N、P、K 比例根据栽培目的而异，采收叶片的辣木树由于生长极为迅速，应及时补施适量的复合肥或生物有机肥，采收后 1 hm² 追施氮肥 75.0kg、磷肥 37.5kg、钾肥 22.5kg；采收种籽的辣木，在开花初期和籽粒迅速膨胀始期，应薄施适量的复合肥或生物有机肥，同时补施镁、锌、钙、硼等微肥。幼树期以浅施为宜，成年树适当深施，可采取点施和条沟施等方法。另外也可采用叶面喷肥，喷施叶面肥可与病虫害防治同时进行，这样可减少生产成本。

# 六、辣木树体管理及采收

## （一）以采收叶片、嫩梢为目的的树体管理及采收

辣木生长迅速，顶端生长优势明显，辣木在气候条件适宜的地区生长极为迅速，在不作修剪的情况下，枝条纤细，树冠大而稀薄。为

了获取最大生物量必须定期修剪树形，进行矮化栽培。为了增加分枝及方便采收通常将植株高度控制在 1 m 左右，在树干高 50~60cm 时进行摘心处理，促进侧枝生长，侧枝长到一定粗度后再进行修剪。一般保留 4 条主枝，每个主枝保留 2~3 个二级侧枝，在辣木生长到 2 年左右时进行一次较大整形，以防树冠过高不便管理，另外由于辣木生长迅速木质化程度较低，抗风能力较差，须立竹竿作为支撑。一般要求在嫩梢长到 20~30cm 时在未老化处用手采摘。雨季一般 2 周左右采摘 1 次，旱季一般 1 月左右采摘 1 次。为确保嫩梢产量，采收后适当留 1~2 片叶进行回缩修剪，除去枝条顶部，保留少量叶片确保植株的正常生长，促进新梢生长，每年须进行回缩修剪 2~4 次，秋季摘去苗干基部部分叶片，减少郁蔽，以利通风透光，不仅能促进苗干木质化，而且还能达到矮化的目的。每年将植株修剪至 1 m 以下高度，尽量使其矮化并成丛状，便于管理、提高新鲜叶片的采摘量。

## （二）以采收嫩荚和种子为目的的树体管理及采收

辣木果实大多着生在枝条顶部，辣木果实较重，容易造成枝条折断。为了获取高产及便于管理和采收，一般在主茎直径达到 5cm 时，在 60cm 处切干，选择不同方位的健壮嫩梢 3~4 枝培养成主枝，反复修剪 2~3 次，就会形成较合理的树冠。一般在嫩荚中的籽粒尚未膨大前采摘嫩荚，种子必须在绿色时才能食用，待种子颜色变成浅黄色时就不宜食用。以采收种子为目的，必须待果实完全成熟，一般在荚外表的绒毛褪光、果皮颜色变为土黄色时即可采收，过熟果荚会裂开，籽粒弹出，降低收获产量。果实采收后进行回缩修剪、施肥等农艺措施，确保下季产量。

# 七、辣木主要病虫害及其防治

## （一）辣木主要病害及其防治

辣木的主要病害有根部腐烂病、枝条溃疡病、嫩梢萎蔫病、枝条回枯病、豆荚褐腐病和白粉病，病害流行时，发病率几乎达到100%，根部腐烂病死亡率可达 25% 以上。

防治方法：通过施肥、修剪等农业措施增加植株自身抵抗能力；调节花、果期避开发病季节；摘除病枝、病叶，减少浸染源，改善环境；喷洒 600 倍代森锰锌或绿亨 2 号等广谱性杀菌剂进行防治；对于根部腐烂病植株需将整株连根挖出，并对植株周围进行消毒处理；改善土壤的通透性，防止积水或浇水太多；对白粉病的防治可采用粉锈宁、甲基托布津等药剂防治。

## （二）辣木主要虫害及其防治

辣木栽培中的主要害虫包括：二疣犀甲、白蚁、蚜虫、红蜘蛛、蛾类幼虫和潜叶蝇。二疣犀甲幼虫为害植株根部，易引起根腐病的发生，成虫为害植株茎干，破坏生长点，植株停止生长，枯萎死亡。白蚁主要为害植株根、茎，直接或间接地造成植株死亡。蚜虫主要刺吸植株的茎、叶，尤其是幼嫩部位，在雨季结束后的 10 月至翌年 5 月份为害严重。红蜘蛛主要危害植株的叶、茎、花等，刺吸植株的茎叶，受害部位水分减少，表现失绿变白，叶表面呈现密集苍白的小斑点，卷曲发黄。严重时植株发生黄叶、焦叶、卷叶、落叶和死亡等现象。同时，红蜘蛛还是病毒病的传播介体。蛾类幼虫通常取食嫩梢、嫩叶，造成卷叶、缀叶、结鞘、吐丝结网或钻入植物组织取食为害。潜叶蝇幼虫为害植株叶片，幼虫钻入叶片组织中，潜食叶肉组织，造成叶片呈现不规则白色条斑，使叶片逐渐枯黄，造成叶片内叶绿素分解，叶片中糖分降低，危害严重时植株叶黄脱落。

防治方法：用烟碱等低毒、低残留的杀虫剂或生物源杀虫剂消灭虫源；对于个体大的害虫可采用人工捕捉；破坏害虫越冬场所，减少翌年的虫害发生率；对白蚁可通过定期灌沼液的方式灭杀；利用阿维菌素 2 000 倍液防治红蜘蛛；采用抑太保等常用杀虫剂防治蛾类幼虫。为保证产品无公害及其保健功效，生产上可采用天敌捕食螨进行生物防治，或安放杀虫灯诱杀害虫，另外可以剪除辣木所有的枝叶，约15d 就可重新长出健康的新叶。

# 八、结论与讨论

辣木具有独特的营养价值和药用价值，发展辣木种植和产品开发有着良好的市场和商业前景。辣木叶片和嫩荚可以开发为优质的绿色食品；种子中含有天然絮凝成分，能有效除去水中的细菌，可以用来开发天然净水剂。对辣木籽油的开发不仅可以从健康食用油的角度出发，还可以进一步探索它在降胆固醇、降血酯、降血压等方面的应用。辣木除了可作为一种新颖热带蔬菜开发外，更重要的价值在于加工出形式多样的功能食品或添加剂。随着辣木药用功效和潜在价值的不断发现，在我国热区可以规模化种植辣木，开发高附加值的产品，促进农民脱贫致富，推动热区经济发展。该研究较全面地总结了辣木特征特性、种植环境选择、种苗繁育、整地定植、水肥管理、树体管理、采收和病虫害防治等关键技术，对辣木生产有较好的指导作用。

# 第十九章　不同辣木种质叶片营养元素含量比较分析

目前对辣木营养元素含量的研究主要集中在对其不同部位以及不同地区辣木营养元素含量的评价。对同一环境下，不同辣木资源营养元素含量的评价较少。本研究对收集于不同国家和地区的辣木资源种植于同一栽培条件下，采集其成熟叶片，磨成叶粉。对不同辣木资源干叶粉中的营养元素含量进行评价，为我国辣木种质资源创新利用、特用品种选育提供理论依据。

## 一、材料与方法

### （一）试验材料

供试材料为不同国家或地区的 32 份辣木种质资源见表 19-1，各种质资源种植于海南省儋州市中国热带农业科学院热带作物品种资源研究所辣木实验基地。于 2016 年 11 月采集两年树龄的成熟叶片，分别于 105℃烘箱杀青 30min，后调至 70℃直至烘干。用粉碎机研磨成200~300 目的粉末备用，每个处理 3 次重复。

表 19-1　辣木种质资源编号及来源

| 资源编号 | 来源 | 资源编号 | 来源 | 资源编号 | 来源 |
|---|---|---|---|---|---|
| LM2014001 | 中国昌江 | LM2014012 | 中国儋州 | LM2015003 | 刚果（布） |
| LM2014002 | 中国昌江 | LM2014013 | 刚果（布） | LM2015004 | 刚果（布） |

（续表）

| 资源编号 | 来源 | 资源编号 | 来源 | 资源编号 | 来源 |
|---|---|---|---|---|---|
| LM2014003 | 中国昌江 | LM2014014 | 中国儋州 | LM2015005 | 刚果（布） |
| LM2014004 | 中国昌江 | LM2014015 | 印度 | LM2015006 | 刚果（布） |
| LM2014005 | 中国昌江 | LM2014016 | 中国洋浦 | LM2015007 | 缅甸 |
| LM2014006 | 中国韶关 | LM2014017 | 中国西华 | LM2015008 | 刚果（布） |
| LM2014007 | 中国儋州 | LM2014018 | 中国儋州 | LM2015009 | 刚果（布） |
| LM2014008 | 非洲 | LM2014019 | 中国儋州 | LM2015010 | 刚果（布） |
| LM2014009 | 印度 | LM2014020 | 中国云南 | LM2015011 | 非洲 |
| LM2014010 | 中国儋州 | LM2015001 | 刚果（布） | LM2015012 | 印度 |
| LM2014011 | 中国儋州 | LM2015002 | 刚果（布） | | |

## （二）测定方法

将叶粉，用浓硫酸消解后定容至 25ml 待用，钼锑抗分光光度法测定 P 元素（700nm 吸光度）（陈洁等，2004；陈洁等，2005）；全自动 Kjeltec 8400 凯式定氮仪测定 N 元素含量，参照 GB/T 22923—2008 标准（黄晓荣等，2009；蒋江虹等，2006；于雯等，2001）；火焰原子分光光度法测定 Mn、Cu、Fe、Zn、Ca、Mg 和 K 元素，参照 GB 5009.92—2003 标准（鲍士旦，2000）。

## （三）数据分析

利用 Excel 软件对不同辣木种质资源叶片中营养元素含量的数据进行初步整理，然后利用 SPSS v19.0 软件对初步整理的数据进行相关性分析；另外，利用该软件的非参数检验程序中的独立样本 Kruskal-Wallis 检验法对初步整理的数据进行显著性检验。

# 二、结果与分析

## （一）不同辣木资源营养元素含量分析

32 份辣木资源叶片中 N、P、K、Ca、Mg、Mn、Fe、Cu、Zn 等元素的含量见表 19-2。结果表明，辣木叶片中 N 含量最高，平均含量达到 4 194.74 mg/100g 干粉，其次是 K 元素含量，均值达到 856.94mg/100g 干粉。不同辣木营养元素含量总体呈现 N>K>P>Mg>Ca>Mn>Zn>Fe>Cu 的趋势。值得注意的是，本研究检测的辣木叶片中 Ca 和 Fe 含量均值分别为 92.06mg 和 1.65mg 每 100g 干粉，该值远低于前人的报道。另外，本研究中辣木叶片中 K 和 Mg 元素含量也明显低于前人的报道。

表 19-2 不同国家和地区的辣木种质资源叶片营养元素含量的分析

（mg/100g）

| 资源编号 | 铁 | 锌 | 锰 | 钙 | 镁 | 钾 | 磷 | 铜 | 氮 |
|---|---|---|---|---|---|---|---|---|---|
| LM2014001 | 1.60±0.02 | 1.80±0.11 | 3.27±0.48 | 84.21±0.37 | 129.86±0.27 | 690.76±0.25 | 380.09±0.06 | 0.12±0.13 | 4 523.24±0.02 |
| LM2014002 | 1.96±0.15 | 2.01±0.21 | 3.51±0.65 | 90.38±0.28 | 207.69±0.08 | 844.63±0.12 | 402.89±0.20 | 0.16±0.08 | 3 864.76±0.13 |
| LM2014003 | 1.74±0.12 | 2.03±0.11 | 3.89±0.31 | 103.33±0.55 | 190.70±0.06 | 730.55±0.09 | 407.52±0.28 | 0.13±0.09 | 4 147.04±0.16 |
| LM2014004 | 1.62±0.02 | 1.86±0.11 | 2.48±0.15 | 73.60±0.28 | 391.98±0.51 | 842.77±0.23 | 377.23±0.15 | 0.13±0.06 | 4 248.62±0.05 |
| LM2014005 | 1.98±0.10 | 2.33±0.18 | 2.89±0.37 | 125.32±0.15 | 254.85±0.16 | 822.45±0.04 | 380.08±0.12 | 0.17±0.17 | 4 181.51±0.16 |
| LM2014006 | 1.21±0.10 | 1.23±0.16 | 3.37±0.22 | 117.94±0.18 | 307.16±0.06 | 741.44±0.16 | 394.82±0.04 | 0.11±0.08 | 3 860.49±0.02 |
| LM2014007 | 1.41±0.01 | 2.11±0.44 | 2.43±0.16 | 75.78±0.16 | 195.48±0.26 | 770.98±0.11 | 391.55±0.02 | 0.16±0.18 | 4 002.04±0.03 |
| LM2014008 | 1.83±0.07 | 2.00±0.16 | 2.44±0.19 | 80.31±0.11 | 264.58±0.42 | 671.82±0.11 | 466.50±0.15 | 0.18±0.24 | 4 084.22±0.07 |
| LM2014009 | 1.32±0.01 | 2.15±0.49 | 2.90±0.94 | 143.49±0.08 | 199.69±0.07 | 792.79±0.08 | 339.86±0.06 | 0.12±0.05 | 3 919.29±0.04 |
| LM2014010 | 1.17±0.05 | 1.57±0.32 | 3.52±0.28 | 77.95±0.11 | 232.26±0.19 | 800.86±0.03 | 349.46±0.01 | 0.12±0.08 | 3 600.53±0.04 |
| LM2014011 | 1.27±0.07 | 1.90±0.36 | 3.15±0.81 | 92.29±0.13 | 207.50±0.33 | 866.10±0.17 | 414.29±0.12 | 0.12±0.08 | 4 035.29±0.03 |
| LM2014012 | 1.47±0.04 | 1.81±0.28 | 3.05±0.16 | 94.17±0.38 | 197.50±0.15 | 785.78±0.12 | 416.65±0.08 | 0.13±0.04 | 3 705.07±0.17 |
| LM2014013 | 1.34±0.10 | 1.52±0.09 | 2.81±0.22 | 103.91±0.28 | 198.98±0.05 | 583.01±0.13 | 479.22±0.11 | 0.13±0.09 | 3 889.96±0.04 |

| 资源编号 | 铁 | 锌 | 锰 | 钙 | 镁 | 钾 | 磷 | 铜 | 氮 |
|---|---|---|---|---|---|---|---|---|---|
| LM2014014 | 1.37±0.06 | 2.11±0.33 | 4.54±0.19 | 94.03±0.30 | 173.85±0.35 | 698.51±0.16 | 418.42±0.15 | 0.13±0.04 | 3 974.18±0.08 |
| LM2014015 | 1.33±0.11 | 1.61±0.22 | 3.98±0.25 | 96.40±0.10 | 155.25±0.11 | 707.05±0.09 | 435.85±0.06 | 0.11±0.10 | 3 967.78±0.10 |
| LM2014016 | 1.77±0.12 | 2.19±0.17 | 2.87±0.29 | 93.45±0.24 | 146.15±0.10 | 964.06±0.18 | 458.71±0.08 | 0.14±0.09 | 4 058.89±0.11 |
| LM2014017 | 1.67±0.06 | 2.17±0.09 | 1.82±0.50 | 98.54±0.19 | 125.57±0.39 | 958.81±0.08 | 468.87±0.32 | 0.11±0.07 | 4 161.73±0.04 |
| LM2014018 | 1.81±0.04 | 1.65±0.02 | 4.84±0.35 | 93.72±0.41 | 128.76±0.22 | 987.70±0.11 | 299.30±0.35 | 0.12±0.04 | 4 063.73±0.04 |
| LM2014019 | 1.76±0.07 | 5.13±1.18 | 4.27±0.42 | 100.59±0.31 | 137.30±0.14 | 986.02±0.06 | 406.17±0.14 | 0.14±0.34 | 3 846.58±0.10 |
| LM2014020 | 1.66±0.08 | 1.79±0.17 | 3.74±0.47 | 66.59±0.21 | 137.62±0.05 | 870.70±0.17 | 382.18±0.12 | 0.13±0.19 | 4 170.13±0.10 |
| LM2015001 | 2.13±0.05 | 2.56±0.25 | 1.88±0.16 | 80.44±0.31 | 142.61±0.27 | 780.74±0.11 | 453.94±0.11 | 0.14±0.29 | 5 093.73±0.01 |
| LM2015002 | 1.61±0.06 | 2.33±0.26 | 4.51±0.23 | 104.88±0.34 | 126.79±0.31 | 1 034.83±0.04 | 365.63±0.02 | 0.11±0.26 | 4 616.07±0.07 |
| LM2015003 | 2.04±0.24 | 2.52±0.24 | 1.76±0.33 | 76.76±0.45 | 137.12±0.32 | 782.56±0.05 | 410.11±0.08 | 0.12±0.09 | 4 525.58±0.10 |
| LM2015004 | 1.65±0.11 | 1.69±0.11 | 2.08±0.35 | 107.93±0.08 | 90.96±0.08 | 1 028.90±0.19 | 387.66±0.04 | 0.10±0.09 | 4 065.67±0.10 |
| LM2015005 | 1.60±0.16 | 1.60±0.10 | 3.74±0.43 | 131.80±0.24 | 133.18±0.19 | 982.08±0.14 | 369.59±0.07 | 0.09±0.12 | 4 449.87±0.10 |
| LM2015006 | 1.47±0.04 | 1.53±0.07 | 2.15±0.43 | 93.62±0.37 | 148.82±0.09 | 1 018.67±0.03 | 426.25±0.13 | 0.10±0.14 | 3 977.73±0.03 |
| LM2015007 | 1.79±0.02 | 1.88±0.36 | 2.37±0.52 | 70.18±0.16 | 95.59±0.02 | 983.80±0.10 | 403.29±0.17 | 0.12±0.05 | 4 360.96±0.11 |
| LM2015008 | 1.45±0.05 | 1.84±0.08 | 3.09±0.44 | 74.21±0.24 | 96.90±0.16 | 845.81±0.15 | 737.75±0.76 | 0.11±0.07 | 4 417.24±0.14 |
| LM2015009 | 1.77±0.18 | 2.01±0.03 | 2.99±0.39 | 98.63±0.39 | 125.77±0.26 | 929.31±0.08 | 362.46±0.14 | 0.11±0.06 | 4 378.76±0.07 |
| LM2015010 | 2.00±0.05 | 2.58±0.07 | 2.16±0.24 | 67.01±0.27 | 127.70±0.16 | 969.12±0.04 | 432.53±0.09 | 0.12±0.20 | 4 536.58±0.06 |
| LM2015011 | 1.94±0.07 | 3.01±0.23 | 1.92±0.15 | 85.55±0.23 | 169.11±0.09 | 1 004.69±0.13 | 439.39±0.02 | 0.11±0.13 | 4 744.96±0.10 |
| LM2015012 | 2.10±0.07 | 2.33±0.09 | 1.08±0.11 | 49.01±0.26 | 111.05±0.11 | 944.64±0.07 | 456.59±0.18 | 0.13±0.09 | 4 759.38±0.05 |
| 平均值 | 1.65±0.16 | 2.09±0.32 | 2.98±0.31 | 92.06±0.22 | 171.50±0.38 | 856.94±0.14 | 416.09±0.17 | 0.13±0.15 | 4 194.74±0.08 |

## （二）相关性分析

对不同辣木种质资源叶片中营养元素含量进行相关性分析见表19-3。结果表明，Fe元素含量与 Zn、K、N 元素含量之间呈极显著正相关，相关系数分别为0.297、0.269 和0.526。表明高蛋白含量的辣木种质，其 Fe、Zn 和 K 元素含量也较高，因此选育高蛋白的辣木品种，还可兼顾筛选高 Fe、高 Zn 且高 K 的特性，综合比较，辣木资源 LM2015010、LM2015002、LM2015011 和 LM2015012 可作为高 N、高 Fe、高 Zn 且高 K 优异种质作为高营养品质育种材料。此外，Fe 元素含量与 Mn、Ca 和 Mg 元素含量之间呈显著负相关，相关系数分别为-0.297、-0.234 和-0.203。Zn 元素含量与 K 元素含量之间呈显著正相关，相关系数为 0.21。Mn 元素含量与 Ca 元素含量之间呈极显著正相关，其与 K 元素和 N 元素含量之间呈显著负相关。Ca 元素含量与 N 元素含量之间呈极显著负相关，相关系数为-0.288。Mg 元素含量与 K 和元素含量之间呈极显著负相关，相关系数分别为-0.348和-0.261，其与 Cu 元素含量之间呈显著正相关。K 元素含量与 N 元素含量之间呈极显著正相关，与 Cu 元素含量之间呈显著负相关，相关系数分别为 0.302 和-0.229。

值得注意的是，Fe 元素含量与除了 P 元素之外的其他元素含量都显著相关，而 P 元素含量与其他任何元素含量之间的相关性都不显著。

表 19-3　不同辣木种质资源叶片中营养元素含量之间相关性分析

| | Fe | Zn | Mn | Ca | Mg | K | P | N | Cu |
|---|---|---|---|---|---|---|---|---|---|
| Fe | 1 | | | | | | | | |
| Zn | 0.297 ** | 1 | | | | | | | |
| Mn | -0.297 ** | -0.192 | 1 | | | | | | |
| Ca | -0.234 * | -0.049 | 0.300 ** | 1 | | | | | |
| Mg | -0.203 * | -0.101 | 0.016 | 0.182 | 1 | | | | |
| K | 0.269 ** | 0.210 * | -0.203 * | -0.141 | -0.348 ** | 1 | | | |
| P | 0.034 | 0.043 | -0.199 | -0.138 | -0.126 | -0.107 | 1 | | |
| N | 0.526 ** | 0.168 | -0.222 * | -0.288 ** | -0.261 * | 0.302 ** | 0.024 | 1 | |
| Cu | 0.231 * | 0.102 | -0.075 | -0.121 | 0.208 * | -0.229 * | -0.016 | 0.026 | 1 |

注：显著性水平为 0.05。* 表示显著；** 表示极显著

# 三、结论与讨论

本研究对 32 份不同来源的辣木种质资源成熟叶片中营养元素含量进行分析，结果表明，不同来源地的辣木种质资源遗传多样性丰富，不同辣木资源营养元素含量之间具有显著地差异。为选择特用型辣木资源提供了理论指导。不同辣木营养元素含量总体呈现 N > K > P > Mg > Ca 的趋势，表明辣木对大量元素以及 Mg 和 Ca 元素高富集的特性。Jongrungruangchok 等（2010）比较了分布在泰国 11 个农业气候区的辣木叶片中蛋白质的含量为 19.15% ~ 28.80%，这与本研究结果相类似，本研究不同辣木种质资源叶片（100g 干粉）中 N 元素含量为 22.5% ~ 31.8 %。Jongrungruangchok 等（2010）研究还表明，辣木叶（100g 干重）中 Ca、K 和 Fe 的含量分别为 1 510.41 ~ 2 951.13mg、1 504.23 ~ 2 054.05mg 和 20.31 ~ 37.60mg。这与本研究的结果不同，本研究中不同辣木种质资源的叶片（100g 干粉）中 Ca 和 Fe 含量变化范围分别为 49.01 ~ 143.49mg 和 1.17 ~ 2.13mg。另外，本研究中辣木叶片中 K 和 Mg 元素含量也明显低于刘忠妹等（2016）的报道。这可能是由于栽培条件、气候或土壤环境的不同，造成辣木吸收和积累的 Fe、Ca、K 和 Mg 元素含量不同。有研究报道辣木营养成分在不同生态区、不同采样时间以及不同部位具有显著差异（Fakankun et al.，2013；Melesse et al.，2012），辣木养分变化与地理分布及土壤特性密切相关。刘忠妹等（2016）对不同采收时期辣木中营养元素含量进行分析，发现 N、P、K、Ca 和 Mg 元素的含量都有季节性的变化。前人也报道辣木氧化活性也具有季节性变化（Nouman et al.，2013；Shih et al.，2011），表明营养元素含量变化与季节、光照、温度和水分变化影响有关。植物对 Ca、Mg 等营养元素的吸收与水分密切相关，而本研究取样时间正值海南省的旱季（11月），这可能影响 Ca、Mg 等元素在土壤中迁移、转化，因而辣木对土壤中养分的吸收下降，造成辣木叶片 Ca、Mg 等营养元素积累下降。

相关性分析显示，辣木叶片中 Fe 元素含量与 Zn、K、N 元素含量之间呈极显著正相关。根据该结果我们筛选出了 4 份辣木资源LM2015010、LM2015002、LM2015011 和 LM2015012 同时具有高 N、高 Fe、高 Zn 且高 K 的特点，可以作为以后选育特用辣木品种的备选资源。另外，Fe 元素含量除了与 P 元素含量相关性不显著之外，与其他元素含量都显著相关，说明辣木中 Fe 元素的积累依赖于其他元素的积累，而辣木中 P 元素含量的积累相对独立，不依赖于其他元素的积累。为以后选育特用辣木品种提供了理论参考，并且对辣木施肥也有一定的指导意义。

# 参考文献

安玉兴，徐汉虹 . 2001. 植物寄生线虫防治的新策略 ［J］. 世界农业，23（5）：30-33.

白旭华，黎小清，伍英 . 2013. 辣木天然絮凝剂提取工艺研究初报 ［J］. 热带农业科技，36（3）：22-27.

鲍士旦 . 2000. 土壤农化分析（第三板）［M］. 北京：中国农业出版社.

蔡庆秀，赵金浩，王佳莹，等 . 2013. 辣木内生真菌 LM033 的分离鉴定及其代谢产物抗植物病原菌活性 ［J］. 中国新药杂志，22（18）：2 168-2 173.

陈禅友，兰红，李亚木，等 . 2012. 苦瓜种质资源 ISSR 遗传多态性分析 ［J］. 长江蔬菜（12）：19-22.

陈德华，张孝祺，张惠娜 . 2008. 一种新型功能食用油—辣木籽油 ［J］. 广东农业科学（5）：17-18.

陈洁，张吉荣 . 2004. 钼锑抗分光光度法测定水中总磷的探讨 . 仪器仪表与分析监测（3）：34-35.

陈洁，张吉荣 . 2005. 钼锑抗分光光度法测定水中总磷 . 金山油化纤，24（1）：31-33.

陈世儒 . 1980. 蔬菜育种学 ［M］. 北京：农业出版社 .

陈学军，程志芳，陈劲枫，等 . 2007. 辣椒种质遗传多样性的 RAPD 和 ISSR 及其表型数据分析 ［J］. 西北植物学报，27（4）：662-670.

陈学军，周坤华，宗洪霞，等 . 2012. 中国灌木辣椒种质遗传多样性的 SRAP 和 SSR 分析 ［J］. 西北植物学报，32（11）：

2 201-2 205.

陈燕琼.2010. 高温高湿条件下苦瓜白粉病的防治技术 [J]. 长江蔬菜 (9)：40-41.

邓莲.2007. 抗南方根结线虫番茄砧木评价及抗性机制研究 [D]. 北京：中国农业大学.

邓学斌，刘磊，闫喆，等.2015. 加工番茄核心种质构建及其遗传背景分析 [J]. 园艺学报，42 (7)：1 299-1 312.

董道峰，韩利芳，王秀徽，等.2007. 番茄抗性品种与黄瓜轮作对根结线虫的防治作用 [J]. 植物保护，33 (1)：51-54.

董小英，唐胜球.2008. 辣木的营养价值及生物学功能研究 [J]. 广东饲料，17 (9)：39-41.

董英山.2000. 中国野生大豆遗传多样性及核心种质构建 [D]. 吉林：东北师范大学.

段爱菊，刘长营，刘顺通，等.2010. 苦瓜根结线虫防治药剂筛选 [J]. 蔬菜 (12)：35-36.

段琼芬，李钦，林青，等.2011. 辣木油对家兔皮肤创伤的保护作用 [J]. 天然产物研究与开发 (23)：159-162.

段琼芬，李迅，陈思多，等.2008. 辣木营养价值的开发利用 [J]. 安徽农业科学，36 (29)：12 670-12 672.

段琼芬，马李一，王有琼，等.2014. 辣木籽油食用安全性毒理学评价 [J]. 中国油脂，39 (2)：48-52.

段琼芬，马李一，余建兴，等.2008. 辣木油抗紫外线性能研究 [J]. 食品科学，29 (9)：118-121.

段琼芬，杨莲，李钦，等.2009. 辣木油对小鼠抗紫外线损伤的保护作用 [J]. 林产化学与工业，29 (5)：69-73.

冯志新.2001. 植物线虫学 [M]. 中国农业出版社，108-110.

高俊凤.2000. 植物生理学实验技术 [M]. 西安：世界图书出版公司.

高青海，徐坤，高辉远，等.2005. 不同茄子砧木幼苗抗冷性的

筛选 [J]. 中国农业科学, 38 (5)：1 005-1 010.

桂连友, 孟国玲, 龚信文, 等. 2001. 茄子品种（系）对侧多食跗线螨抗性聚类分析 [J]. 中国农业科学, 34 (5)：465-468.

郭良栋. 2001. 内生真菌研究进展 [J]. 菌物系统, 20 (1)：148-152.

何建文, 杨文鹏, 韩世玉, 等. 2009. 贵州辣椒地方品种分子遗传多样性分析 [J]. 贵州农业科学, 37 (8)：15-18.

胡建斌, 马双武, 王吉明, 等. 2013. 基于表型性状的甜瓜核心种质构建 [J]. 果树学报, 30 (3)：404-411.

胡晋, 徐海明, 朱军. 2001. 保留特殊种质材料的核心库构建方法 [J]. 生物数学学报, 16 (3)：348-352.

胡晋, 徐海明, 朱军. 2000. 基因型值多次聚类法构建作物种质资源核心库 [J]. 生物数学学报, 15 (1)：103-109.

黄如葵, 孙德利, 张曼, 等. 2008. 苦瓜遗传多样性的形态学性状聚类分析 [J]. 广西农业科学, 39 (3)：351-356.

黄伟明. 2010. 海南岛葫芦科蔬菜根结线虫种类鉴定及防治研究 [D]. 海口：海南大学.

黄晓荣, 曹承富, 杜世州, 等. 2009. 全自动定氮仪测定小麦籽粒蛋白质 [J]. 安徽农业科学, 35 (19)：8 823-8 824.

贾双双, 高荣广, 徐坤. 2009. 番茄砧木对南方根结线虫抗性鉴定 [J]. 中国农业科学, 42 (12)：4 301-4 307.

蒋江虹, 革丽亚, 麦琦. 2006. 全自动凯氏定氮仪测定食品中蛋白质 [J]. 光谱仪器与分析 (Z1)：263-265.

康建坂, 朱海生, 李大忠, 等. 2010. 应用 ISSR 技术分析苦瓜种质资源的多态性 [J]. 福建农业学报, 25 (5)：597-601.

柯野, 陈喆, 马建波, 等. 2006. 辣木内生真菌的分离及其抗菌活性物质的初步研究 [J]. 湖南农业大学学报, 32 (5)：521-523.

柯野，黄志福，曾松荣，等．2007．辣木内生真菌产生抗菌物质的生物学特性研究［J］．西北林学院学报，22（1）：31-33．

劳家柽．1988．土壤农化分析手册［M］．北京：农业出版社：632-633．

李长涛，石春海，吴建国，等．2004．利用基因型值构建水稻核心种质的方法研究［J］．中国水稻科学，18（3）：218-222．

李国强，李锡香，沈镝，等．2008．基于形态数据的大白菜核心种质构建方法的研究［J］．园艺学报，35（12）：1 759-1 766．

李国伟，纪明慧，郭飞燕，等．2011．海南黄灯笼辣椒 HPLC 特征图谱研究［J］．安徽农业科学，39（15）：8 840-8 843．

李海龙，张俊清，赖伟勇，等．2012．海南黄灯笼椒与不同品种辣椒的辣椒素含量测定［J］．中国野生植物资源，31（4）：32-34．

李洪福，李海龙，王勇，等．2013．海南黄灯笼辣椒不同提取物化学成分 GC-MS 分析［J］．中国实验方剂学杂志，19（8）：129-133．

李慧峰，陈天渊，黄咏梅，等．2013．基于形态性状的甘薯核心种质取样策略研究［J］．植物遗传资源学报，14（1）：91-96．

李丽，张莉．2004．辣木果实对正常和高胆固醇血症家兔血脂的影响［J］．国外医药植物药分册，19（4）：170．

李晴，韩玉珠，张广臣．2010．辣椒品种主要农艺性状的相关性和主成分分析［J］．长江蔬菜（6）：29-33．

李晴，张学时，张广臣，等．2010．辣椒种质遗传多样性的 RAPD 分析［J］．北方园艺（22）：118-122．

李树荣，许琳，毛夸云，等．2006．添加辣木对肉用鸡的增重试验［J］．云南农业大学学报，21（4）：545-548．

李英梅，陈志杰，张淑莲，等．2008．蔬菜根结线虫病无公害防治技术研究的新进展 [J]. 中国农学通报, 24 (7): 369-374.

李永平, 林珲, 温庆放 . 2011. 辣椒种质资源的遗传多样性分析 [J]. 福建农业学报, 26 (5): 747-752.

李自超, 张洪亮, 孙传清, 等 . 1999. 植物遗传资源核心种质研究现状与展望 [J]. 中国农业大学学报, 4 (5): 51-62.

梁鹏, 甄润英 . 2013. 辣木茎叶中水溶性多糖的提取及抗氧化活性的研究 [J]. 食品研究与开发, 34 (14): 25-29.

梁永书, 占小登, 高志强, 等 . 2011. 超级稻协优 9308 衍生群体根系与地上部重要农艺性状的相关性 [J]. 作物学报, 37 (10): 1 711-1 723.

廖友媛, 曾松荣, 马建波, 等 . 2006. 药用植物辣木内生真菌的分离及其抗菌活性分析 [J]. 株洲工学院学报, 20 (6): 36-38.

刘冰, 王永明, 徐蓉, 等 . 2010. 辣木籽对大鼠糖尿病脑病的神经保护作用 [J]. 长春中医药大学学报, 26 (2): 179-180.

刘昌芬, 李国华 . 2002. 辣木的研究现状及其开发前景 [J]. 云南热作科技, 25 (3): 20-24.

刘昌芬, 伍英, 龙继明 . 2003. 不同品种和产地辣木叶片营养成分含量 [J]. 热带农业科技, 26 (4): 1-2.

刘娟, 廖康, 曹倩, 等 . 2015. 利用表型性状构建新疆野杏种质资源核心种质 [J]. 果树学报, 32 (5): 787-796.

刘庆安, 甘立军, 夏凯 . 2008. 茉莉酸甲酯和水杨酸对黄瓜根结线虫的防治 [J]. 南京农业大学学报, 31 (1): 141-145.

刘守伟, 刘淑芹, 周新刚, 等 . 2014. 分蘖洋葱种质资源的农艺学性状分析 [J]. 东北农业大学学报, 45 (12): 49-57.

刘维志 . 2002. 植物病原线虫学 [M]. 北京: 中国农业出版社 .

刘忠妹, 李海泉, 许木果, 等 . 2016. 3 种辣木中氮、磷、钾、钙和镁元素含量的比较 [J]. 热带作物学报, 37 (3): 461-

465.

刘子记，杨衍 . 2012. 海南苦瓜主要病虫害的发生及防治技术
[J]. 南方农业学报，43（10）：1 501-1 504.

刘遵春，张春雨，张艳敏，等 . 2010. 利用数量性状构建新疆野
苹果核心种质的方法 [J]. 中国农业科学，43（2）：358-
370.

罗燕，白史且，彭燕，等 . 2010. 菊苣种质资源研究进展 [J].
草业科学，27（7）：123-132.

马洪文，陈晓军，殷延勃，等 . 2012. 利用基因型值构建宁夏粳
稻核心种质的方法 [J]. 种子，31（5）：43-49.

马洪文，殷延勃，王昕，等 . 2013. 利用数量性状构建粳稻核心
种质的方法比较 [J]. 西北农业学报，22（11）：7-14.

马李一，王有琼，张重权，等 . 2013. 辣木种子天然絮凝活性成
分研究 [J]. 广东农业科学（21）：103-107.

孟金贵，张卿哲，王硕，等 . 2012. 涮辣与辣椒属 5 个栽培种亲
缘关系的研究 [J]. 园艺学报，39（8）：1 589-1 595.

苗锦山，刘彩霞，戴振建，等 . 2010. 葱种质资源数量性状的聚
类分析、相关性和主成分分析 [J]. 中国农业大学学报，15
（3）：41-49.

盘李军，刘小金 . 2010. 辣木的栽培及开发利用研究进展 [J].
广东林业科技，26（3）：71-77.

裴鑫德 . 1991. 多元统计分析及其应用 [M]. 北京：北京农业大
学出版社 .

彭晓云，李均祥，张明 . 2009. 辣木精油对黑腹果蝇寿命及 SOD
和 MDA 的影响 [J]. 湖北农业科学（3）：555-571.

蓬桂华，詹永发，苏丹，等 . 2011. 辣椒基因组 DNA 不同提取方
法的比较研究 [J]. 长江蔬菜（学术版）（14）：17-19.

蒲金基，曾会才，刘晓妹 . 2002. 根结线虫对辣椒疫病发生及甲
霜灵防效的影响 [J]. 热带农业科学，22（6）：7-19.

齐永文，樊丽娜，罗青文，等.2013.甘蔗细茎野生种核心种质构建［J］.作物学报，39（4）：649-656.

乔迺妮，陈益元.2013.辣椒主要农艺性状的相关性及通径分析［J］.长江蔬菜（22）：16-19.

曲晓斌，侯全刚，李莉，等.2007.线辣椒主要农艺性状相关性分析及产量因素通径分析［J］.西北农业学报，16（6）：174-177.

任飞，王羽梅，孙鸣燕.2010.不同采收期辣木多糖及可溶性糖含量变化的研究［J］.时珍国医国药，21（9）：2 204-2 205.

任红，安可嵋，李劲松.2009.海南省瓜菜农药残留监控模式探讨［J］.长江蔬菜（9）：52-53.

桑维维，高贵珍，张兴桃，等.2012.辣椒基因组 DNA 两种提取方法的比较［J］.宿州学院学报，27（8）：21-24

沈镝，李锡香，冯兰香，等.2007.葫芦科蔬菜种质资源对南方根结线虫的抗性评价［J］.植物遗传资源学报，8（3）：340-342.

沈镝，李锡香.2008.苦瓜种质资源描述规范和数据标准［M］.北京：中国农业出版社.

宋洪元，雷建军，李成琼.1998.植物热胁迫反应及抗热性鉴定与评价［J］.中国蔬菜（1）：48-50.

苏华，徐坤，刘伟，等.2006.不同大葱品种耐寒性鉴定与越冬栽培效果［J］.应用生态学报，17（10）：1 889-1 893.

孙亚东，梁燕，吴江敏，等.2009.番茄种质资源的遗传多样性和聚类分析［J］.西北农业学报，18（5）：297-301.

谭亮萍，周火强，曾化伟，等.2008.辣椒种质资源鉴定、评价及利用研究进展［J］.辣椒杂志（2）：24-28.

王芳芳.2012.柑橘四种砧木在营养钵栽培条件下对总 N 和矿质元素的吸收性评价［D］.武汉：华中农业大学.

王红霞，赵书岗，高仪，等.2013.基于 AFLP 分子标记的核桃

核心种质的构建［J］.中国农业科学，46（23）：4 985-
4 995.

王会芳，肖彤斌，谢圣华，等.2007.6种杀线剂对胡椒根结线
虫病的防效［J］.农药（11）：20-23.

王建华，刘志昕，王运勤，等.2005.海南黄灯笼辣椒顶死病病
原病毒的分离鉴定［J］.热带作物学报，26（3）：96-102.

王柯慧.辣木抗溃疡作用的研究［J］.国外医学中医中药分册，
1997，19（1）：37.

王利英，乔军，石瑶.2012.茄子SSR多态性引物的筛选及品种
纯度鉴定［J］.华北农学报，27（4）：98-101.

王瑞清，阎志顺，刘英.2004.冬小麦品种数量性状的典型相关
分析［J］.种子，23（11）：56-58.

王振东，陈超力，于佰双，等.2010.大豆抗旱种质资源遗传多
样性的SSR分析［J］.大豆科学，29（3）：370-373.

王志强，郭松，刘声锋，等.2014.西瓜种质资源果实主要数量
性状的主成分分析［J］.东北农业大学学报，45（3）：
59-64.

王志伟，翁忠贺，肖日新，等.2007.海南省根结线虫的危害及
其对侵入巴斯德氏芽菌的亲和性［J］.热带作物学报，28
（4）：102-107.

温庆放，李大忠，朱海生，等.2005.不同来源苦瓜遗传亲缘关
系RAPD分析［J］.福建农业学报，20（3）：185-188.

闻向东，王淑萍，李庆华.2006.印度辣木根化学成分分析［J］.
农产品加工·学刊（7）：66-67.

伍斌，郑毅.2013.Cr（Ⅵ）生物吸附剂辣木籽的改性研究［J］.
环境污染与防治，35（12）：64-67.

伍斌，郑毅.2013.辣木树皮对Cr（Ⅵ）吸附性能的研究［J］.
环境科学与技术，36（12M）：11-14.

武扬，郑经武，商晗武，等.2005.根结线虫分类和鉴定途径及

进展［J］.浙江农业学报，17（2）：106-110.

向珣，宋小丽，施倩倩.2009. DNA-AFLP 分析用辣椒基因组DNA 提取方法的优化［J］.长江大学学报（自然科学版），6（2）：48-51.

徐海明，胡晋，朱军.2000. 构建作物种质资源核心库的一种有效抽样方法［J］.作物学报，26（2）：157-162.

徐海明，邱英雄，胡晋，等.2004. 不同遗传距离聚类和抽样方法构建作物核心种质的比较［J］.作物学报，30（9）：932-936.

徐小明，徐坤，于芹，等.2008. 茄子砧木对南方根结线虫抗性的鉴定与评价［J］.园艺学报，35（10）：1 761-1 765.

闫文龙，任安祥，余敏嫦，等.2009. 辣木粉对肉仔鸡血液生理生化指标的影响［J］.中国兽医杂志，45（5）：36-37.

杨衍，刘昭华，詹园凤，等.2009. 苦瓜种质资源遗传多样性的AFLP 分析［J］.热带作物学报，30（3）：299-303.

杨焱.2011. 喷施叶面肥对棚栽辣木生长和产量的影响［J］.热带农业科技，34（3）：25-27.

于雯，吕玉琼.2001. 全自动凯氏定氮仪测定食品中蛋白质［J］.中国卫生检验杂志，11（5）：610-610.

俞文政，杨贵，张映南，等.2007. 辣椒基因组 DNA 提取方法研究［J］.辣椒杂志（4）：39-43.

翟衡，管雪强，赵春芝，等.2000. 中国葡萄抗南方根结线虫野生资源的筛选［J］.园艺学报，27（1）：27-31.

张长远，孙妮，胡开林.2005. 苦瓜品种亲缘关系的 RAPD 分析［J］.分子植物育种，3（4）：515-519.

张法惺，栾非时，盛云燕.2010. 不同生态类型西瓜种质资源遗传多样性的 SSR 分析［J］.中国蔬菜（14）：36-43.

张芳芳，王立浩，胡鸿，等.2010. 辣椒果色及相关色素国内外研究进展［J］.辣椒杂志（2）：1-7.

张凤银，陈禅友，胡志辉，等．2011. 苦瓜种质资源的形态学性状和营养成分的多样性分析［J］. 中国农学通报，27（4）：183-188.

张嘉楠，昌小平，郝晨阳，等．2010. 北方冬麦区小麦抗旱种质资源遗传多样性分析［J］. 植物遗传资源学报，11（3）：253-259.

张莉，张慧君，张建农，等．2011. 甘肃甜瓜白粉病病原种及生理小种的鉴定［J］. 甘肃农业大学学报（2）：87-91.

张敏，刘晟，顾玲，等．2009. 我国具有杀根结线虫活性的植物资源统计［J］. 安徽农业科学，37（9）：4 225-4 227.

张燕，杨衍，田丽波，等．2016. 基于表型性状的苦瓜种质资源评价和遗传多样性的分析［J］. 分子植物育种，14（1）：239-250.

张燕平，段琼芬，苏建荣．2004. 辣木的开发与利用［J］. 热带农业科学，24（4）：42-48.

张饮江，王聪，刘晓培，等．2012. 天然植物辣木籽对水体净化作用的研究［J］. 合肥工业大学学报，35（2）：262-267.

赵磊，段玉玺，白春明，等．2011. 辽宁省保护地蔬菜根结线虫发生规律及防治对策［J］. 植物保护，37（1）：105-109.

赵香娜，李桂英，刘洋，等．2008. 国内外甜高粱种质资源主要性状遗传多样性及相关性分析［J］. 植物遗传资源学报，9（3）：302-307.

周春阳，谢立波，李景富，等．2011. 辣椒叶片基因组 DNA 提取方法的研究［J］. 辣椒杂志（3）：35-37.

周广生，梅方竹，周竹青，等．2003. 小麦不同品种耐湿性生理指标综合评价及其预测［J］. 中国农业科学，36（1）：1 378-1 382.

周坤华，张长远，罗剑宁，等．2013. 苦瓜种质资源遗传多样性的 SRAP 分析［J］. 广东农业科学（21）：136-140.

朱军 . 1993. 作物杂种后代基因型值和杂种优势的预测方法 [J].
生物数学学报, 8（1）: 32-44.

朱晓峰, 段玉玺, 陈立杰, 等 . 2009. 黑曲霉 Snf009 发酵液对根
结线虫的毒性测定及温室防效研究 [J]. 河南农业科学（4）:
84-85.

朱岩芳, 祝水金, 李永平, 等 . 2010. ISSR 分子标记技术在植物
种质资源研究中的应用 [J]. 种子, 29（2）: 55-59.

邹文欣, 谭仁祥 . 2001. 植物内生菌研究新进展 [J]. 植物学报,
43（9）: 881-892.

邹宇, 王松峰, 包秀萍, 等 . 2011. 辣木籽油两种提取方法的比
较及研究 [J]. 食品工业（3）: 61-63.

Abad P, Favery B, Rosso M, et al. 2003. Root-knot nematode para-
sitism and host response: molecular basis of a sophisticated interac-
tion [J]. Molecular Plant Pathology, 4（4）: 217-224.

Adejumo O E, Kolapo A L, Folarin A O. 2012. *Moringa oleifera*
Lam. （Moringaceae） grown in Nigeria: In vitro antisickling
activity on deoxygenated erythrocyte cells [J]. J Pharm Bioallied
Sci, 4（2）: 118-122.

Afolabi A O, Aderoju H A, Alagbonsi I A. 2013. Effects of methanolic
extract of *Moringa oleifera* leaves on semen and biochemical parame-
ters in cryptorchid rats [J]. Afr J Tradit Complement Altern Med,
10（5）: 230-235.

Aguiar J L, Bachie O, Ploeg A. 2014. Response of Resistant and
Susceptible Bell Pepper （Capsicum annuum） to a Southern Cali-
fornia Meloidogyne incognita Population from a Commercial Bell
Pepper Field [J]. J Nematol, 46（4）: 346-351.

Alhakmani F, Kumar S, Khan S A. 2013. Estimation of total phenolic
content, in-vitro antioxidant and anti-inflammatory activity of flowers
of *Moringa oleifera* [J]. Asian Pac J Trop Biomed, 3（8）:

623-627.

Anand P, Bley K. 2011. Topical capsaicin for pain management: therapeutic potential and mechanisms of action of the new high-concentration capsaicin 8% patch [J]. Br J Anaesth, 107: 490-502.

Anandakumar P, Kamaraj S, Jagan S, et al. 2012. Capsaicin inhibits benzo (a) pyrene-induced lung carcinogenesis in an in vivo mouse model [J]. Inflamm Res, 61: 1 169-1 175.

Bakre A G, Aderibigbe A O, Ademowo O G. 2013. Studies on neuropharmacological profile of ethanol extract of Moringa oleifera leaves in mice [J]. J Ethnopharmacol, 149 (3): 783-789.

Barbary A, Djian-Caporalino C, Palloix A, et al. 2015. Host genetic resistance to root-knot nematodes, Meloidogyne spp. , in Solanaceae: from genes to the field [J]. Pest Manag Sci, 71 (12): 1 591-1 598.

Barchi L, Bonnet J, Boudet C, et al. 2007. A high-resolution, intraspecific linkage map of pepper (*Capsicum annuum* L. ) and selection of reduced recombinant inbred line subsets for fast mapping [J]. Genome, 50 (1): 51-60

Basigalup D H, Barnes D K, Stucker R E. 1995. Development of a core collection for perennial Medicago plant introductions [J]. Crop Sci, 35 (4): 1 163-1 168.

Berkovich L, Earon G, Ron I, et al. 2013. *Moringa Oleifera* aqueous leaf extract down-regulates nuclear factor-kappaB and increases cytotoxic effect of chemotherapy in pancreatic cancer cells [J]. BMC Complementary and Alternative Medicine, 13: 212.

Bhatnagar M, Parwani L, Sharma V, et al. 2013. Hemostatic, antibacterial biopolymers from *Acacia arabica* ( Lam. ) Willd. and *Moringa oleifera* ( Lam. ) as potential wound dressing materials

［J］. Indian J Exp Biol, 51 （10）: 804-810.

Blair M W, Díaz L M, Buendía H F, et al. 2009. Genetic diversity, seed size associations and population structure of a core collection of common beans （Phaseolus vulgaris L. ） ［J］. Theor Appl Genet, 119 （6）: 955-972.

Bleve-Zacheo T, Bongiovanni M, Melillo M T, et al. 1998. The pepper resistance genes Me1 and Me3 induce differential penetration rates and temporal sequences of root cell ultrastructural changes upon nematode infection ［J］. Plant Science, 133 （1）: 79-90.

Boiteux L S, Charchar J M. 1996. Genetic resistance to root-knot nematode （Meloidogyne javanica） in eggplant （Solanum melongena） ［J］. Plant Breeding, 115 （3）: 198-200.

Brown A H D. 1989. Core collection: A practical approach to genetic resources management ［J］. Genome, 31: 818-824.

Carvalho S I, Ragassi C F, Bianchetti L B, et al. 2014. Morphological and genetic relationships between wild and domesticated forms of peppers （Capsicum frutescens L. and C. chinense Jacquin） ［J］. Genet Mol Res, 13 （3）: 7 447-7 464.

Charmet G, Balfourier F. 1995. The use of geostatistics for sampling a core collection of perennial ryegrass populations ［J］. Genetic Resource and Crop Evolution, 42 （4）: 303-309.

Chen C M, Hao X F, Chen G J, et al. 2012. Characterization of a new male sterility-related gene Camf1 in Capsicum annum L ［J］. Mol Biol Rep, 39 （1）: 737-744.

Chen R G, Li H X, Zhang L Y, et al. 2007, CaMi, a root-knot nematode resistance gene from hot pepper （Capsium annuum L. ） confers nematode resistance in tomato ［J］. Plant Cell Reports, 26 （7）: 895-905.

Chin E C, Senior M L, Shu H, et al. 1996. Maize simple repetitive

DNA sequence: abundance and allele variation [J]. Genome, 39 (5): 866-873.

Choudhary M K, Bodakhe S H, Gupta S K. 2013. Assessment of the antiulcer potential of *Moringa oleifera* root-bark extract in rats [J]. J Acupunct Meridian Stud, 6 (4): 214-220.

Coimbra R R, Miranda G V, Cruz C D, et al. 2009. Development of a Brazilian maize core collection [J]. Genet Mol Biol, 32 (3): 538-545.

Collins J K, Wu G, Perkins-Veazie P, et al. 2007. Watermelon consumption increases plasma arginine concentrations in adults [J]. Nutrition, 23 (3): 261-266.

Das N, Sikder K, Ghosh S, et al. 2012. *Moringa oleifera* Lam. leaf extract prevents early liver injury and restores antioxidant status in mice fed with high-fat diet [J]. Indian J Exp Biol, 50 (6): 404-412.

de Lima Santos N D, da Silva Paixão K, Napoleão TH, et al. 2014. Evaluation of *Moringa oleifera* seed lectin in traps for the capture of Aedes aegypti eggs and adults under semi-field conditions [J]. Parasitol Res, 20 (6): 368-375.

Diwan N, McIntosh M S, Bauchan G R. 1995. Methods of developing a core collection of annual Medicago species [J]. Theor Appl Genet, 90 (6): 755-761.

Djian-Caporalino C, Fazari A, Arguel M J, et al. 2007. Root-knot nematode (Meloidogyne spp.) Me resistance genes in pepper (Capsicum annuum L.) are clustered on the P9 chromosome [J]. Theor Appl Genet, 114 (3): 473-486.

Djian-Caporalino C, Pijarowski L, Fazari A, et al. 2001. High-resolution genetic mapping of the pepper (Capsicum annuum L.) resistance loci Me3 and Me4 conferring heat-stable resistance to root-knot nematodes ( Meloidogyne spp. ) [ J ]. Theor Appl Genet, 103 (4): 592-600.

EI Bakkali A, Haouane H, Moukhli A, et al. 2013. Construction of core collections suitable for association mapping to optimize use of Mediterranean olive ( Olea europaea L. ) genetic resources [ J ]. PLoS One, 8 (5): e61265.

Fakankun O, Babayemi J. 2013. Utiaruk J. Variations in the mineral composition and heavy metals content of Moringa oleifera [ J ]. African Journal of Environmental Science and Technology, 7 (6): 371-379.

Fery R L, Dukes P D S, Thies J A. 1998. 'Carolina Wonder' and 'Charleston Belle': Southern root-knot nematode-resistant bell peppers [ J ]. HortScience, 33 (5): 900-902.

Fraenkel L, Bogardus S T J, Concato J, et al. 2004. Treatment options in knee osteoarthritis: the patient's perspective [ J ]. Arch Intern Med, 164 (12): 1 299-1 304.

Ghasi S, Nwobodo E, Ofili JO. 2000. Hypocholesterolemic effects of crude extract of leaf of *Moringa oleifera* Lam in high-fat diet fed wistar rats [ J ]. Journal of Ethnopharmacology, 69 (1): 21-25.

Gifoni J M, Oliveira J T, Oliveira H D, et al. 2012. A novel chitin-binding protein from *Moringa oleifera* seed with potential for plant disease control [ J ]. Biopolymers, 98 (4): 406-415.

Gismondi A, Canuti L, Impei S, et al. 2013. Antioxidant extracts of African medicinal plants induce cell cycle arrest and differentiation in B16F10 melanoma cells [ J ]. International Journal of Oncology, 43 (3): 956-964.

Guevara A P, Vargas C, Sakurai H, et al. 1999. An antitumor promoter from *Moringa oleifera* Lam [ J ]. Mutation Research, 440 (2): 181-188.

Guo S, Zhang J, Sun H, et al. 2013. The draft genome of watermelon (*Citrullus lanatus*) and resequencing of 20 diverse accessions [J]. Nat Genet, 45 (1): 51-58.

Ha S H, Kim J B, Park J S, et al. 2007. A comparison of the carotenoid accumulation in Capsicum varieties that show different ripening colours: deletion of the capsanthin-capsorubin synthase gene is not a prerequisite for the formation of a yellow pepper [J]. J Exp Bot, 58 (12): 3 135-3 144.

Hannan M A, Kang J Y, Mohibbullah M, et al. 2014. *Moringa oleifera* with promising neuronal survival and neurite outgrowth promoting potentials [J]. J Ethnopharmacol, 152 (1): 142-150.

Hare W W. 1957. Inheritance of resistance to root-knot nematodes in pepper [J]. Phytopathology, 47: 455-459.

Hayashi T, Juliet P A, Matsui-Hirai H, et al. 2005. l-Citrulline and l-arginine supplementation retards the progression of high-cholesterol-diet-induced atherosclerosis in rabbits [J]. Proc Natl Acad Sci USA, 102 (38): 13 681-13 686.

He C, Poysa V, Yu K. 2003. Development and characterization of simple sequence repeat (SSR) markers and their use in determining relationships among Lycopersicon esculentum cultivars [J]. Theor Appl Genet, 106 (2): 363-373.

Heidmann I, de Lange B, Lambalk J, et al. 2011. Efficient sweet pepper transformation mediated by the baby boom transcription factor [J]. Plant Cell Rep, 30 (6): 1 107-1 115.

Holbrook C C, Anderson W F. 1995. Evaluation of a core collection to identify resistance to late leafspot in peanut [J]. Crop Science, 35 (6): 1 700-1 702.

Howladar S M. 2014. A novel *Moringa oleifera* leaf extract can mitigate the stress effects of salinity and cadmium in bean (*Phaseolus vul-*

*garis* L. ) plants [J]. Ecotoxicol Environ Saf, 100: 69-75.

Hu J, Quiros C F. 1991. Identification of broccoli and cauliflower cultivars with RAPD markers [J]. Plant Cell Rep, 10 (10): 505-511.

Hu J, Zhu J, Xu H M. 2000. Methods of constructing core collection by stepwise cluster with three sampling strategies based on genotypic values of crops [J]. Theor Appl Genet, 101: 264-268.

Hu M X, Zhuo K, Liao J L. 2011. Multiplex PCR for the Simultaneous Identification and Detection of Meloidogyne incognita, M. enterolobii, and M. javanica Using DNA Extracted Directly from Individual Galls [J]. Nematology, 101 (11): 1 270-1 277.

Hussain S, Malik F, Mahmood S. 2014. Review: An exposition of medicinal preponderance of *Moringa oleifera* (Lank. ) [J]. Pak J Pharm Sc, 27 (2): 397-403.

IBPGR. 1991. Annual Report 1990 [R]. International Board for Plant Genetic Resources, Rome.

Iqbal A, Sadaqat H A, Khan A S, et al. 2010. Identification of sunflower (*Helianthus annuus*, Asteraceae) hybrids using simple-sequence repeat markers [J]. Genetics and Molecular Research, 10 (1): 102-106.

Jaiswal D, Rai P K, Mehta S, et al. 2013. Role of *Moringa oleifera* in regulation of diabetes-induced oxidative stress [J]. Asian Pacific Journal of Tropical Medicine, 6 (6): 426-432.

Kaga A, Shimizu T, Watanabe S, et al. 2012. Evaluation of soybean germplasm conserved in NIAS genebank and development of mini core collections [J]. Breed Sci, 61 (5): 566-592.

Karthivashan G, Tangestani Fard M, Arulselvan P, et al. 2013. Identification of bioactive candidate compounds responsible for oxidative challenge from hydro-ethanolic extract of *Moringa oleifera* leaves [J]. J Food Sci, 78 (9): 1 368-1 375.

Kempaiah R K, Srinivasan K. 2004. Influence of dietary curcumin, capsaicin and garlic on the antioxidant status of red blood cells and the liver in high-fat-fed rats [J]. Ann Nutr Metab, 48: 314-320.

Kim C S, Kawada T, Kim B S, et al. 2003. Capsaicin exhibits anti-inflammatory property by inhibiting IkB-a degradation in LPS-stimu-lated peritoneal macrophages [J]. Cell Signal, 15: 299-306.

Kim H J, Nahm S H, Lee H R, et al. 2008. BAC-derived markers converted from RFLP linked to *Phytophthora capsici* resistance in pepper ( *Capsicum annuum* L. ) [J]. Theor Appl Genet, 118 (1): 15-27.

Kim S, Park M, Yeom S I, et al. 2014. Genome sequence of the hot pepper provides insights into the evolution of pungency in Capsicum species [J]. Nat Genet, 46 (3): 270-278.

Kirisattayakul W, Wattanathorn J, Tong-Un T, et al. 2013. Cere-broprotective effect of *Moringa oleifera* against focal ischemic stroke induced by middle cerebral artery occlusion [J]. Oxid Med Cell Longev, doi: 10. 1155/2013/951415.

Kooltheat N, Sranujit R P, Chumark P, et al. 2014. An ethyl acetate fraction of *Moringa oleifera* Lam. Inhibits human macrophage cytokine production induced by cigarette smoke [J]. Nutrients, 6 (2): 697-710.

Krichen L, Audergon J M, Trifi-Farah N. 2012. Relative efficiency of morphological characters and molecular markers in the establishment of an apricot core collection [J]. Hereditas, 149 (5): 163-172.

Kwaambwa H M, Maikokera R. 2007. A fluorescence spectroscopic study of a coagulating protein extracted from *Moringa oleifera* seeds [J]. Colloids Surf B Biointerfaces, 60 (2): 213-220.

Lee C Y, Kim M, Yoon S W, et al. 2003. Short-term control of capsaicin on blood and oxidative stress of rats in vivo [J]. Phytother Res, 17: 454-458.

Lee S H, Krisanapun C, Baek S J. 2010. NSAID-activated gene-1 as a molecular target for capsaicin-induced apoptosis through a novel molecular mechanism involving GSK3beta, C/EBPbeta and ATF3 [J]. Carcinogenesis, 31: 719-728.

Lee S, Kim S Y, Chung E, et al. 2004. EST and microarray analyses of pathogen-responsive genes in hot pepper (*Capsicum annuum* L.) non-host resistance against soybean pustule pathogen (*Xanthomonas axonopodis* pv. *glycines*) [J]. Funct Integr Genomics, 4 (3): 196-205.

Lefebvre V, Pflieger S, Thabuis A, et al. 2002. Towards the saturation of the pepper linkage map by alignment of three intraspecific maps including known-function genes [J]. Genome, 45 (5): 839-854.

Lejeune M P, Kovacs E M, Westerterp-Plantenga M S. 2003. Effect of capsaicin on substrate oxidation and weight maintenance after modest body-weight loss in human subjects [J]. Br J Nutr, 90 (3): 651-659.

Leroy T, De Bellis F, Legnate H, et al. 2014. Developing core collections to optimize the management and the exploitation of diversity of the coffee Coffea canephora [J]. Genetica, 142 (3): 185-199.

Li X, Yan W, Agrama H, et al. 2010. Genotypic and phenotypic characterization of genetic differentiation and diversity in the USDA rice mini-core collection [J]. Genetica, 138 (11-12): 1 221-1 230.

Liu L W, Liu G, Gong Y Q. 2007. Evaluation of genetic purity of $F_1$

hybrid seeds in cabbage with RAPD, ISSR, SRAP, and SSR markers [J]. HortScience, 42 (3): 724-727.

Liu Z J, Zhu J, Cui Y, et al. 2012. Identification and comparative mapping of a powdery mildew resistance gene derived from wild emmer ( *Triticum turgidum* var. *dicoccoides* ) on chromosome 2BS [J]. Theor Appl Genet, 124 (6): 1 041-1 049.

Livneh O, Nagler Y, Tal Y, et al. 1990. RFLP analysis of a hybrid cultivar of pepper ( *Capsicum annuum*) and its use in distinguishing between parental lines and in hybrid identification [J]. Seed Sci Technol, 18 (2): 209-214.

Ludy M J, Moore G E, Mattes R D. 2012. The effects of capsaicin and capsiate on energy balance: critical review and meta-analyses of studies in humans [J]. Chem Senses, 37 (2): 103-121.

Mahalanobis P C. 1936. On the generalized distance in statistics [J]. Proc Natl Inst Sci India, 2 (1): 49-55.

Makkar H P S, Becker K. 1997. Nutrients and antiquity factors in different morphological parts of the *Moringa oleifera* tree [J]. Journal of Agricultural Science, 128 (3): 311-322.

Manaheji H, Jafari S, Zaringhalam J, et al. 2011. Analgesic effects of methanolic extracts of the leaf or root of *Moringa oleifera* on complete Freund's adjuvant-induced arthritis in rats [J]. Journal of Chinese Integrative Medicine, 9 (2): 216-222.

Mankau R. 1980. Biological control of Meloidogyne populations by Bacillus penetrans in West Africa [J]. Journal of Nematology, 12 (4): 230.

Mao W H, Yi J X, Sihachakr D. 2008. Development of core subset for the collection of Chinese cultivated eggplants using morphological-based passport data [J]. Plant Genetic Res, 6 (1): 33-40.

Marques T L, Alves V N, Coelho L M, et al. 2012. Removal of Ni
(II) from aqueous solution using *Moringa oleifera* seeds as a bioad-
sorbent [J]. Water Science and Technology, 65 (8): 1 435-
1 440.

Marrufo T, Nazzaro F, Mancini E, et al. 2013. Chemical composition
and biological activity of the essential oil from leaves of *Moringa ole-
ifera* Lam. cultivated in Mozambique [J]. Molecules, 18 (9):
10 989-11 000.

Martin J A. 1948. Breeding of pungent peppers [J]. South Carolina
Agr Expt Sta Annu Rpt, 60: 64-67.

Marín A, Ferreres F, Tomás-Barberán F A, et al. 2004. Charac-
terization and quantitation of antioxidant constituents of sweet
pepper (Capsicum annuum L.) [J]. J Agric Food Chem, 52
(12): 3 861-3 869.

Mclachlan D R C. 1995. Aluminum and the risk for Alzheimer's
disease [J]. Environmetrics, 6 (3): 233-275.

Mejia L A, Hudson E, deMejia E G, et al. 1998. Carotenoid content
and vitamin-A activity of some common cultivars of Mexican
peppers (Capsicum annuum) as determined by HPLC [J]. J
Food Sci, 53 (5): 1 448-1 451.

Melesse A, Steingass H, Boguhn J, et al. 2012. Effects of elevation
and season on nutrient composition of leaves and green pods of Mor-
inga stenopetala and Moringa oleifera. Agroforestry systems, 86
(3): 505-518.

Meneghel A P, Gonçalves A C J R, Tarley C R, et al. 2014. Studies
of Pb2+ adsorption by *Moringa oleifera* Lam. seeds from an aqueous
medium in a batch system [J]. Water Science and Technology, 69
(1): 163-169.

Mori A, Lehmann S, O'Kelly J, et al. 2006. Capsaicin, a component of red peppers, inhibits the growth of androgen-independent, p53 mutant prostate cancer cells [J]. Cancer Res, 66: 3 222-3 229.

Nagy I, Stágel A, Sasvári Z, et al. 2007. Development, characterization, and transferability to other Solanaceae of microsatellite markers in pepper (Capsicum annuum L. ) [J]. Genome, 50 (7): 668-688.

Nambiar V S, Seshadri S. 2001. Bioavailability trials of beta-carotene from fresh and dehydrated drumstick leaves (Moringa oleifera) in a rat model [J]. Plant Foods for Human Nutrition, 56 (1): 83-95.

Nandakumar N, Singh A K, Sharma R K, et al. 2004. Molecular fingerprinting of hybrids and assessment of genetic purity of hybrid seeds in rice using microsatellite markers [J]. Euphytica, 136 (3): 257-264.

Naresh V, Yamini K N, Rajendrakumar P, et al. 2009. EST-SSR marker-based assay for the genetic purity assessment of safflower hybrids [J]. Euphytica, 170 (3): 347-353.

Nkukwana T T, Muchenje V, Masika P J, et al. 2014. Fatty acid composition and oxidative stability of breast meat from broiler chickens supplemented with Moringa oleifera leaf meal over a period of refrigeration [J]. Food Chem, 142: 255-261.

Nouman W, Siddiqui M T, Basra S M A, et al. 2013. Biomass production and nutritional quality of Moringa oleifera as a field crop [J]. Turkish Journal of Agriculture and Forestry, 37 (4): 410-419.

Obuseng V, Nareetsile F, Kwaambwa H M. 2012. A study of the removal of heavy metals from aqueous solutions by Moringa oleifera seeds and amine-based ligand 1, 4-bis [N, N-bis (2-picoyl) a-mino] butane [J]. Anal Chim Acta, 730 (2): 87-92.

Ogunsina B S, Indira T N, Bhatnagar A S, et al. 2014. Quality characteristics and stability of *Moringa oleifera* seed oil of Indian origin [J]. J Food Sci Technol, 51 (3): 503-510.

Okuda T, Baes AU, Nishijima W, et al. 2001. Isolation and characterization of coagulant extracted from *Moringa oleifera* seed by salt solution [J]. Water Res, 35 (2): 405-410.

Oliveira E J, Ferreira C F, Santos V S, et al. 2014. Development of a cassava core collection based on single nucleotide polymorphism markers [J]. Genet Mol Res, 13 (3): 6 472-6 485.

oliveira J T A, Silveira S B, Vasconcelos I M, et al. 1999. Compositional and nutritional attributes of seeds from the multiple purpose tree *Moringa oleifera* Lamarck [J]. Journal of the Science of Food and Agriculture, 79 (6): 815-820.

Paran I, Horowitz M, Zamir D, et al. 1995. Random amplified polymorphic DNA markers are useful for purity determination of tomato hybrids [J]. HortScience, 30 (2): 377.

Peeters J P, Martinelli J A. 1989. Hierarchical cluster analysis as a tool to manage variation in germplasm collections [J]. Theor Appl Genet, 78 (1): 42-48.

Perkins-Veazie P, Collins J K, Davis A R, et al. 2006. Carotenoid content of 50 watermelon cultivars [J]. J Agric Food Chem, 54 (7): 2 593-2 597.

Platel K, Srinivasan K. 1996. Influence of dietary spices or their active principles on digestive enzymes of small intestinal mucosa in rats [J]. Int J Food Sci Nutr, 47: 55-59.

Pontual E V, de Lima Santos N D, de Moura M C, et al. 2014. Trypsin inhibitor from *Moringa oleifera* flowers interferes with survival and development of Aedes aegypti larvae and kills bacteria inhabitant of larvae midgut [J]. Parasitol Res, 113 (2):

727-733.

Popoola J O, Obembe O O. 2013. Local knowledge, use pattern and geographical distribution of *Moringa oleifera* Lam. (Moringaceae) in Nigeria [J]. J Ethnopharmacol, 150 (2): 682-691.

Powers T O, Harris T S. 1993. A polymerase chain reaction method for identification of five major meloidogyne species [J]. J Nematol, 25 (1): 1-6.

Prakash U N S, Srinivasan K. 2012. Fat digestion and absorption in spice pretreated rats [J]. J Sci Food Agri, 92: 503-510.

Pranavi B, Sitaram G, Yamini K N, et al. 2011. Development of EST-SSR markers in castor bean (*Ricinus communis* L. ) and their utilization for genetic purity testing of hybrids [J]. Genome, 54 (8): 684-691.

Qin C, Yu C, Shen Y, et al. 2014. Whole-genome sequencing of cultivated and wild peppers provides insights into Capsicum domestication and specialization [J]. Proc Natl Acad Sci USA, 111 (14): 5 135-5 140.

Qwele K, Hugo A, Oyedemi S O, et al. 2013. Chemical composition, fatty acid content and antioxidant potential of meat from goats supplemented with Moringa (*Moringa oleifera*) leaves, sunflower cake and grass hay [J]. Meat Sci, 93 (3): 455-462.

Ramjial Nagarajan K, Krishnamurthy G V G. 1986. Response of nicotiana species and varieties to the root-knot nematode Meloidogyne javanica [J]. Tobacoo Research, 14 (2): 128-131.

Rao G U, Ben Chaim A, Borovsky Y, et al. 2003. Mapping of yield-related QTLs in pepper in an interspecific cross of *Capsicum annuum* and *C. frutescens* [J]. Theor Appl Genet, 106 (8): 1 457-1 466.

Sangkitikomol W, Rocejanasaroj A, Tencomnao T. 2014. Effect of

*Moringa oleifera* on advanced glycation end-product formation and lipid metabolism gene expression in HepG2 cells [J]. Genet Mol Res, 13 (1): 723-735.

Santos A F, Argolo A C, Paiva P M, et al. 2012. Antioxidant activity of *Moringa oleifera* tissue extracts [J]. Phytother Res, 26 (9): 1 366-1 370.

Satish A, Sairam S, Ahmed F, et al. 2012. *Moringa oleifera* Lam. : Protease activity against blood coagulation cascade [J]. Pharmacognosy Res, 4 (1): 44-49.

Sengupta M E, Keraita B, Olsen A, et al. 2012. Use of *Moringa oleifera* seed extracts to reduce helminth egg numbers and turbidity in irrigation water [J]. Water Research, 46 (11): 3 646-3 656.

Sharifudin S A, Fakurazi S, Hidayat M T, et al. 2013. Therapeutic potential of *Moringa oleifera* extracts against acetaminophen-induced hepatotoxicity in rats [J]. Pharm Biol, 51 (3): 279-288.

Shih M C, Chang C M, Kang S M, et al. 2011. Effect of different parts (leaf, stem and stalk) and seasons (summer and winter) on the chemical compositions and antioxidant activity of Moringa oleifera [J]. International Journal of Molecular Sciences, 12 (9): 6 077.

Sholapur H N, Patil B M. 2013. Effect of *Moringa oleifera* bark extracts on dexamethasone-induced insulin resistance in rats [J]. Drug Res, 63 (10): 527-531.

Sinha M, Das D K, Datta S, et al. 2012. Amelioration of ionizing radiation induced lipid peroxidation in mouse liver by *Moringa oleifera* Lam. leaf extract [J]. Indian J Exp Biol, 50 (3): 209-215.

Sokal R R, Michener C D. 1958. A statistical method for evaluating systematic relationships [J]. Univ Kansas Sci Bull, 38 (6):

1 409-1 438.

Strobel G A, Miller R V, Martinez-Miller C, et al. 1999. Crypto-candin, a potent antimycotic from the endophytic fungus Cryptosporiopsis cf. quercina [J]. Microbiology, 145 (8): 1 919-1 926.

Sun T, Xu Z, Wu C T, et al. 2007. Antioxidant activities of different colored sweet bell peppers (Capsicum annuum L.) [J]. J Food Sci, 72 (2): 98-102.

Sundaram R M, Naveenkumar B, Biradar S K, et al. 2008. Identification of informative SSR markers capable of distinguishing hybrid rice parental lines and their utilization in seed purity assessment [J]. Euphytica, 163 (2): 215-224.

Sánchez N R, Spörndly E, Ledin I. 2006. Effect of feeding different levels of foliage of *Moringa oleifera* to creole dairy cows on intake, digestibility, milk production and composition [J]. Livestock Science, 101 (1-3): 24-31.

Tahiliani P, Kar A. 2000. Role of *Moringa oleifera* leaf extract in the regulation of thyroid hormone status in adult male and female rats [J]. Pharmacological Research, 41 (3): 19-323.

Tan R X, Zou W X. 2001. Endophytes: a rich source of functional metabolites [J]. Nat Prod Rep, 18 (4): 448-459.

Tanksley S D, McCouch S R. 1997. Seed banks and molecular maps: unlocking genetic potential from the wild [J]. Science, 277 (5 329): 1 063-1 066.

Teixeira E M, Carvalho M R, Neves V A, et al. 2014. Chemical characteristics and fractionation of proteins from *Moringa oleifera* Lam. Leaves [J]. Food Chem, 147 (1): 51-54.

Tiloke C, Phulukdaree A, Chuturgoon A A. 2013. The antiproliferative effect of *Moringa oleifera* crude aqueous leaf extract on cancerous human alveolar epithelial cells [J]. BMC Complement Altern Med,

13: 226.

Torondel B, Opare D, Brandberg B, et al. 2014. Efficacy of *Moringa oleifera* leaf powder as a hand- washing product: a crossover controlled study among healthy volunteers [J]. BMC Complement Altern Med, 14 (1): 57.

Tsaknis J, Lalas S, Gergis V, et al. 1999. Characterization of *Moringa oleifera* variety Mbololo seed oil of Kenya [J]. J Agric Food Chem, 47 (11): 4 495-4 499.

Tyler L, Fangel J U, Fagerström A D, et al. 2014. Selection and phenotypic characterization of a core collection of Brachypodium distachyon inbred lines [J]. BMC Plant Biol, 14: 25.

Vanderslice J T, Higgs D J, Hayes J M, et al. 1990. Ascorbic acid and dehydroascorbic acid content of food-as-eaten [J]. J Food Compos Anal, 3: 105-118.

Vongsak B, Gritsanapan W, Wongkrajang Y, et al. 2013. In vitro inhibitory effects of *Moringa oleifera* leaf extract and its major components on chemiluminescence and chemotactic activity of phagocytes [J]. Nat Prod Commun, 8 (11): 1 559-1 561.

Wang M L, Sukumaran S, Barkley N A, et al. 2011. Population structure and marker-trait association analysis of the US peanut (Arachis hypogaea L. ) mini-core collection [J]. Theor Appl Genet, 123 (8): 1 307-1 317.

Wu K S, Tanksley S D. 1993. Abundance, polymorphism and genetic mapping of microsatellites in rice [J]. Mol Gen Genet, 241 (1-2): 225-235.

Yang H J, Kwon D Y, Kim M J, et al. 2015. Red peppers with moderate and severe pungency prevent the memory deficit and hepatic insulin resistance in diabetic rats with Alzheimer's disease [J]. Nutr Metab (Lond), 12: 9.

Yashitola J, Thirumurugan T, Sundaram R M, et al. 2002. Assessment of purity of rice hybrids using microsatellite and STS markers [J]. Crop Sci, 42 (4): 13 69-1 373.

Zhang H, Zhang D, Wang M, et al. 2011. A core collection and mini core collection of Oryza sativa L. in China [J]. Theor Appl Genet, 122 (1): 49-61.

Zhang X R, Zhao Y Z, Cheng Y, et al. 2000. Establishment of sesame germplasm core collection in China [J]. Genetic Resources and Crop Evolution, 47 (3): 273-279.

Zhao J H, Zhang Y L, Wang L W, et al. 2012. Bioactive secondary metabolites from Nigrospora sp. LLGLM003, an endophytic fungus of the medicinal plant *Moringa oleifera* Lam [J]. World J Microbiol Biotechnol, 28 (5): 2 107-2 112.